应用型高等院校改革创新示范教材

土建工程制图

主　编　董　强　刘　勇

副主编　赵晓华　张春娥　朱　峰　贺忠国　叶亚丽

主　审　王保群

中国水利水电出版社
www.waterpub.com.cn
·北京·

内 容 提 要

本书是应用型高等院校改革创新示范教材。为了适应高等院校应用型人才培养体系的创新与实践、结合现代技术的发展，本书是在参考了国内外相关教材，针对应用型人才培养的具体情况，考虑近几年教学发展，适度创新后编写而成的。本书采用了我国最新颁布的《技术制图》国家标准。

本书共 18 章：绪论、制图的基本知识、投影基础、投影变换、平面立体的投影、曲面立体的投影、常用工程曲线与曲面、轴测投影、组合体、工程形体的表达方法、标高投影、道路工程图、桥梁工程图、隧道工程图、涵洞与通道工程图、建筑施工图、水利工程图、BIM概述，并配有《土建工程制图习题集》。

本书可作为高等工科院校土木类各专业制图课程的教材，也可作为高职高专院校相应专业的教学用书，还可供相关工程技术人员参考。

图书在版编目（CIP）数据

土建工程制图 / 董强，刘勇主编. -- 北京 ： 中国
水利水电出版社，2018.1（2023.8 重印）
应用型高等院校改革创新示范教材
ISBN 978-7-5170-6101-4

Ⅰ．①土… Ⅱ．①董… ②刘… Ⅲ．①土木工程－建
筑制图－高等学校－教材 Ⅳ．①TU204

中国版本图书馆CIP数据核字(2017)第303807号

策划编辑：石永峰　　责任编辑：张玉玲　　加工编辑：孙　丹　　封面设计：李　佳

书　　名	应用型高等院校改革创新示范教材 土建工程制图　TUJIAN GONGCHENG ZHITU
作　　者	主　编　董强　刘勇 副主编　赵晓华　张春娥　朱　峰　贺忠国　叶亚丽 主　审　王保群
出版发行	中国水利水电出版社 （北京市海淀区玉渊潭南路 1 号 D 座　100038） 网址：www.waterpub.com.cn E-mail: mchannel@263.net（答疑） 　　　　sales@mwr.gov.cn 电话：(010) 68545888（营销中心）、82562819（组稿）
经　　售	北京科水图书销售有限公司 电话：(010) 68545874、63202643 全国各地新华书店和相关出版物销售网点
排　　版	北京万水电子信息有限公司
印　　刷	三河市鑫金马印装有限公司
规　　格	184mm×260mm　16 开本　18 印张　440 千字
版　　次	2018 年 1 月第 1 版　2023 年 8 月第 3 次印刷
印　　数	6001—7000 册
定　　价	38.00 元

前　　言

本书是应用型高等院校改革创新示范教材。随着我国高等教育教学改革的不断深化，高等院校工程图学的教育在课程体系、教学内容、教学手段和方法等方面都发生了深刻的变化。本书是根据应用型人才培养目标，以及教育部工程图学教学指导委员会最新修订的《普通高等院校工程图学课程教学基本要求》，适应交通事业发展及培养土建工程技术人员的需求，总结了作者多年的教学和改革实践经验后编写而成的。本书还配有《土建工程制图习题集》，该套教材适应的学时数为70～120学时。

由于篇幅所限，计算机绘图（AutoCAD）部分单独编写成册。

本书主要有以下几个特点：

（1）结构体系上，注重科学性与工程实践性相结合，将丰富的案例纳入教学内容。

（2）由于各高校对"土建工程制图"教学课时都做了不同程度的压缩，因此本书对传统土木制图的内容做了一定的删减，尤其对画法几何的内容，仅选用了最基本和必要的部分。本书其他内容也力求做到少而精、针对性强、简练实用。

（3）配图清晰、图例典型，全部插图均可下载，上课时可用作电子挂图。

（4）采用我国最新颁布的《技术制图》国家标准。

本书由董强、刘勇任主编，赵晓华、张春娥、朱峰、贺忠国、叶亚丽任副主编，具体编写分工如下：董强（第12章和第15章）、刘勇（第16章和第17章）、赵晓华（第9章和第13章）、张春娥（第10章和第11章）、朱峰（第3章）、贺忠国（第4章和第6章）、叶亚丽（第7章和第8章）、尹文军（前言、附录）、董丽娜（第1章和第2章）、赵鲲鹏（第14章）、李瑞玲（第5章）、王日升（第18章）。参加本书部分章节编写和大纲讨论的还有王喜仓、代凤娟。本书由刘勇统稿审定，由王保群教授主审。

本书在编写过程中，得到了所在单位有关领导及工程图学教师的支持与帮助，在此表示衷心的感谢。

由于编者水平所限，书中难免有错误与不当之处，敬请读者批评指正。

编　者

2017年1月

目　　录

第1章 绪论

1.1 工程制图的发展史

1.1.1 画法几何

1795 年，法国著名科学家加斯帕尔·蒙日（Gaspard Monge，1746－1818 年）发表了著名的《画法几何》论著，所论述的画法是以相互垂直的两个平面作为投影面的正投影法。这个方法保证了物体在平面上的图像明显、正确，且便于度量。蒙日的著作对世界各国科学技术的发展产生了巨大的影响。而在以后的一两百年中，许多学者和工程技术人员对工程制图的理论和方法做了大量的研究工作，使之不断发展和完善。

"画法几何"这一中文名称是由我国著名物理学家萨本栋（1902－1949 年）和著名教育家蔡元培（1848－1940 年）大约在 1920 年翻译定名的。

在我国社会主义现代化建设中，画法几何在国民经济建设和智力资源开发等方面起着重要的作用。为了适应科学技术的发展，必须把解析几何的数解法与画法几何的图解法有机地结合起来，使空间几何问题的解决得以从手工绘图转变为计算机绘图和图形显示，并实现对本课程的计算机辅助教学。这些发展和转变都对画法几何的教学及其应用产生了深远的影响。

法国科学家蒙日把三维关系用二维图形表现出来，这无疑是对历史的贡献。从传统的产品设计和生产过程来看，设计人员首先将大脑中构思的产品三维结构影像用二维视图绘成工程图，然后交付制造部门按图生产。以画法几何为基础的工程图学在工程与科学技术领域里提供了可靠的理论工具和解决问题的有效手段，它使工程图的表达与绘制高度规范化和唯一化，成为工程技术界同行进行技术交流时的通用"语言"之一。

1.1.2 工程制图的发展史

土木工程制图与其他学科一样，都是从人们的生产实践中产生和发展起来的。从我国和世界各国的历史可知，工程图样起源于图画。在古代，当人们学会了制作简单工具和营造各种建筑物时，就已经使用图画来表达意图了。在一段很长的时期中，都是按照写真方法画图的。随着生产的发展，对生产工具和建筑物的复杂程度与技术要求越来越高，直观的写生图已不能表达工程形体了，迫切需要总结出一套正确绘制工程图样的规律和方法，这些规律和方法在许多工匠、技师、建筑师和学者们的生产实践活动中逐步积累和发展起来。之后由于生产和工程建设的不断发展，工程图样也越来越需要有统一的标准，于是各国纷纷制定了工业生产领域里各有关专业的制图标准，并随着生产建设的发展逐步修订。为了协调各国各自制定的制图标准和逐步统一，国际上还制定了国际标准，供各国制定和修订制图标准时参考。

1.1.3 我国历史上在工程制图方面的成就

我国是一个历史悠久的国家，创造了大量灿烂文化，在工程制图方面也有不少成就。

在现存的大量汉代的画像砖和画像石上的图画，包含有透视图、轴测图和正投影图等形状的房屋、桥、车辆等图形。又如现存的河北平山县战国时中山王墓中的一件铜制的建筑规划平面图（940mm×480mm），比例为1/500，有文字标明尺寸。还有现存的宋平江图（平江即今苏州）石刻（2020mm×1360mm），是宋绍定三年（1230年）重建时的石刻，为一幅城市规划图。

另外还保存了不少著作，如刊于宋崇宁二年（1105年）李诚的《营造法式》，是一本建筑格式的书籍，全书共34卷，有大量房屋图；宋苏颂（1020－1101年）所著的《新仪象法要》，有天文仪器的立体装配图，有零件的单面投影图等；元王祯所著的《王祯农书》（1313年）、明宋应星所著的《天工开物》（1637年）等，都附有很多图样。

在作图理论方面，如南朝宋炳的《山水画序》有"今张素以远映，则昆仑之形，可围于方寸之内"，其论述与现代透视投影原理类似。

在仪器工具方面，如现存的汉武氏祠石像上有伏羲拿矩、女娲拿规的像，规、矩相似于现今的圆规和角尺。

在比例方面，在汉代《周髀算经》中有"以丈为尺，以尺为寸，以寸为分"的画图比例，如上述中山王墓中的石刻，应用了1/500的比例。

综上所述，我国的工程图学已有很长的历史，在此不一一列举。

1.1.4　新中国成立后我国工程制图的发展

我国虽然在历史上对工程制图有过许多成就，但由于新中国成立前有一段较长的时期处于半封建、半殖民地状态，工农业生产发展滞缓，制图技术的发展也受到阻碍，在工程制图方面没有统一的标准。中华人民共和国成立后，随着科学技术、工农业生产和工程建设的不断发展，理论图学、应用图学、图学教育、制图技术、制图标准和计算机图学等各方面都逐步得到相应的发展。尤其是在制图标准方面，为了适应社会主义建设的需要，并与国际接轨，国家有关部门制定了《总图制图标准》《建筑制图标准》《建筑结构制图标准》《给水排水制图标准》《采暖通风与空气调节制图标准》《道路工程制图标准》《水利水电工程制图标准》等。

作为一名工程技术人员，要认真贯彻国家的制图标准，并且要关心制图标准的更新，一旦制图标准有所修订，就应该按新标准执行。

1.2　工程制图课程概述

1.2.1　本课程的功能和性质

"画法几何与土木工程制图"是土木工程专业必修的一门技术基础课，是专门研究工程图样绘制与阅读的原理及方法的科学，培养学生的空间逻辑思维和三维形象思维能力，学习对空间几何问题进行分析和图解的方法。

在土木建筑工程中，不论是建造房屋还是架桥修路都是先设计、绘制图样，然后按图样进行施工。工程图样被称为"工程界的语言"，是用来表达设计意图、交流技术思想的重要工具，也是生产建设部门及施工单位进行管理和施工等技术工作的技术文化与法律依据。本课程的主要目的就是培养学生掌握这种"工程界的语言"，掌握阅读和绘制土木工程图样的基本技术。

1.2.2　本课程的主要任务及基本要求

（1）学习投影法（主要是正投影法）的基本理论及其应用。

（2）培养对三维形状与相关位置的空间逻辑思维和形象思维能力。

（3）培养对空间几何问题的图解能力。

（4）培养阅读和绘制建筑工程图、道路与桥梁工程图、水利工程图的初步能力。

1.2.3　本课程的学习方法

（1）本课程是一门理论和实践相结合的课程，与专业实践有着广泛而又密切的联系，要重视投影理论的学习，更要注重实践环节的训练。除需要掌握一定的理论外，还要掌握一定的绘图技术和技巧。技术的掌握只能靠实践，而技巧则需多画多练才能掌握。

（2）画法几何是本课程的理论基础，在学习过程中要扎实掌握正投影的原理和方法，把投影分析和空间想象结合起来，把空间形体和平面投影图联系起来，对从立体到投影再从投影到立体的相互对应关系进行反复思考与训练，训练空间想象能力。要把基本概念和基本原理理解透彻，并将其融汇到具体的应用中。

（3）制图基础的学习要了解、熟悉和严格遵守国家标准的有关规定，正确使用制图工具、仪器，遵循正确的作图步骤和方法，养成自觉遵守国家制图标准的良好习惯，提高绘图效率。

（4）专业图的学习要熟记国家制图标准中各种代号和图例的含义，熟悉图样的画法。要培养分析问题和解决问题的能力，以及认真负责的工作态度和严谨细致的工作作风。

第 2 章　制图的基本知识

2.1　绘制工程图的有关规定

工程图样是工程施工、生产、管理等环节最重要的技术文件。它不仅包括按投影原理绘制的、表明工程形状的图形，还包括工程的材料、做法、尺寸、有关文字说明等，所有这一切都必须有统一规定，才能使不同岗位的技术人员对工程图样有完全一致的理解，从而使工程图真正起到技术语言的作用。

2.1.1　制图标准的制定和类别

标准一般都是由国家指定专门机关负责组织制定的，所以称为"国家标准"，简称"国标"，代号是"GB"。国标有许多种，制图标准只是其中的一种，所以为了区别不同技术标准，还要在代号后边加若干字母和数字等，如有关机械工程方面的标准的总代号为"GB"，有关建筑工程方面的标准的总代号为"GBJ"。

国标是全国范围内有关技术人员都要遵守的。此外还有使用范围较小的"部颁标准"及地区性的地区标准。就世界范围来讲，早在 20 世纪 40 年代就成立了"国际标准化组织"（代号是"ISO"），它制定的若干标准，皆冠以"ISO"。

2.1.2　制图标准的基本内容

2.1.2.1　图纸幅面

图纸是包括已绘图样和未绘图样的、带有标题栏的绘图用纸。图纸幅面是图纸的大小规格，也是指矩形图纸的长度和宽度组成的图面。图框是图纸上限定绘图区域的线框，其边线（周边）称为图框线（用粗实线画出）。我国规定的图纸幅面和图框的尺寸及代号如表 2-1 所示。

表 2-1　图纸幅面和图框尺寸　　　　　　　　　　（单位：mm）

幅面代号	A0	A1	A2	A3	A4
尺寸 $B \times L$	841×1189	594×841	420×594	297×420	210×297
e	20		10		
c	10		5		
a	25				

一般 A0～A3 图纸宜横式使用，必要时也可立式使用。当图纸幅面的长边需要加长时，可查阅国家标准。

无论图纸是否要装订，均应用粗实线画出图框，其格式有不留装订边和留有装订边两种，但同一产品的图样只能采用一种形式。

2.1.2.2 标题栏

在每张正式的工程图纸上都应有工程名称、图名、图纸编号、设计单位，以及设计人、绘图人、校核人、审定人等的签字栏目，把它们集中列成表格形式就是图纸的标题栏，简称图标（用粗实线画出外框，用细实线画分隔线）。其位置如图 2-1 所示。

（a）无装订边横向图纸　　　　（b）有装订边竖向图纸　　　　（c）无装订边竖向图纸

图 2-1　图纸幅面、图框、标题栏

本课程的作业和练习都不是生产用图纸，所以除图幅外，标题栏的栏目和尺寸都可简化或自行设计。学习阶段建议采用图 2-2 所示的标题栏。其中图名用 10 号字，校名用 10 号或 7 号字，其余汉字除签名外用 5 号字书写，数字则用 3.5 号字书写。

图 2-2　标题栏

2.1.2.3 比例

能用直线直接表达的尺寸称为线性尺寸，如直线的长度、圆的直径、圆弧半径等。角度为非线性尺寸。

比例为图中图形与实物相应要素的线性尺寸之比。

图形一般应尽可能按实际大小画出，以便读者有直观印象，但是建筑物的形体比图纸要大得多，而精密仪器的零件（如机械手表零件）往往又很小，为了方便制图及读图，可根据物体对象的大小选择适当放大或缩小的比例，在图纸上绘制图样。

比值为 1 的比例，即 1:1，称为原值比例；比值大于 1 的比例，如 2:1 等，称为放大比例；比值小于 1 的比例，如 1:2 等，称为缩小比例。

　　机械图样常用原值比例，而建筑物体形大，其图样常用缩小比例。需要按比例绘制图样时，应由表 2-2 规定的系列中选取适当的比例。

表 2-2　比例

种类	比例		
原值比例	1:1		
放大比例	5:1	2:1	
	$5 \times 10^n:1$	$2 \times 10^n:1$	$1 \times 10^n:1$
缩小比例	1:2	1:5	
	$1:2 \times 10^n$	$1:5 \times 10^n$	$1:1 \times 10^n$

　　机械图的比例一般应标注在标题栏中的比例栏内，建筑图则在每个视图的下方写出该视图的名称，在图名的右侧标注比例。

2.1.2.4　图线

　　图线对工程图是很重要的，它不仅确定了图形的范围，还表示一定含义，因此需要有统一的规定。

　　1．图线宽度

　　国标规定建筑类图线宽度有粗线、中粗线和细线之分，粗、中粗、细线的宽度比为 4:2:1。机械类图线宽度有粗线、细线之分，粗、细线的宽度比为 3:1。

　　所有线型的宽度应根据图样大小和复杂程度在下列数系中选择（图形小而图线多则应选择较细的线宽）：0.35 mm、0.5 mm、0.7 mm、1 mm、1.4 mm、2 mm。

　　选用线宽时应注意以下几点：

　　（1）线宽指图中粗实线的线宽 d，图中其他图线则根据不同类型图样的比确定各自的线宽。

　　（2）根据图样的复杂程度和比例大小来选用不同的线宽。

　　（3）一般情况下，同一张图纸内相同比例的各图样应选用相同线宽组合。

　　（4）同一图样中同类图线的宽度也应一致。

　　线宽允许有偏差。使用固定线宽 d 的绘图仪器绘图的线宽偏差不得大于 $+0.1d$。

　　2．基本线型

　　表 2-3 中对各种图线的线型、线宽作了明确的规定。

表 2-3　图线

名称		线型	线宽	一般用途
实线	粗	———————	d	主要可见轮廓线
	中	———————	$0.5d$	可见轮廓线
	细	———————	$0.25d$	可见轮廓线、图例线等
虚线	粗	— — — — — —	d	见有关专业制图标准
	中	— — — — — —	$0.5d$	不可见轮廓线
	细	— — — — — —	$0.25d$	不可见轮廓线、图例线等

续表

名称		线型	线宽	一般用途
单点 长画线	粗	——— — —— — —— — ——	d	见有关专业制图标准
	中	——— — —— — —— — ——	$0.5d$	见有关专业制图标准
	细	——— — —— — —— — ——	$0.25d$	中心线、对称线等
双点 长画线	粗	——— — — —— — — ——	d	见有关专业制图标准
	中	——— — — —— — — ——	$0.5d$	见有关专业制图标准
	细	——— — — —— — — ——	$0.25d$	假想轮廓线、成型前原始轮 廓线
折断线		———／\———／\———／\—	$0.25d$	断开界面
波浪线		∿∿∿∿	$0.25d$	断开界面

3．图线画法

铅笔线作图要求做到清晰整齐、均匀一致、粗细分明、交接正确。

（1）实线（粗、中、细）。

画法要求　同类线宽度均匀一致。

（2）虚线。

画法要求　各段线长度、间隔均匀一致。

（3）点画线。

画法要求：各段线长度、间隔、中间点均匀一致；线段长度可根据图样的大小确定；中间点随意画点，不必刻意打点。

基本线型应恰当地相交于"画"处（线段相交）或准确地相交于"点"上，如图 2-3 所示。

除非另有规定，两条平行线之间的最小间隙不得小于 0.7mm。手工使用非固定线宽的笔绘图时，允许目测控制线宽和线素长度。

2.1.2.5　字体

汉字和数字是工程图的重要组成部分，如果书写潦草，不仅会影响图面清晰、美观，而且还会因看不清楚而造成误解，给生产带来损失。

工程图中的字体包括汉字、字母、数字和书写符号等。

国标规定工程图中的字体应做到字体工整、笔画清楚、间隔均匀、排列整齐。

（a）点画线相交　　　　　（b）虚线相交　　　　　（c）实线与实线、实线与虚线、
　　　　　　　　　　　　　　　　　　　　　　　　　　　　虚线与虚线相交

（d）虚线相交　　　　　（e）虚线相交　　　　　（f）点线相交

图 2-3　图线的交接

1．汉字

国标规定，工程图中的汉字应采用长仿宋体（大标题、图册封面、地形图等的汉字允许书写成其他字体，但应易于辨认），所以把长仿宋体字也称为"工程字"，如图 2-4 所示。

14号字

图样是工程界的技术语言

10号字

字体工整　笔画清楚　间隔均匀　排列整齐

7号字

写仿宋字的要领：横平竖直　注意起落　结构均匀　填满方格

5号字

房屋建筑桥梁隧道水利枢纽结构设计施工建造生产工艺企业管理

图 2-4　汉字长仿宋体字示例

长仿宋体字是宋体字的变形。按规定，长仿宋体字的字高与字宽的比约为 1:0.7，笔画的宽度约为字高的 1/20。

2．字母和数字

字母和数字可写成斜体和直体。斜体字字头向右倾斜，与水平基准线成 75°角，如图 2-5 所示。

图 2-5　一般字体的字母和数字

3. 字号及使用

字体高度（h）代表字体的号数，简称字号。如字高 5mm 的字即为 5 号字。一般情况下，字宽为小一号字的字高，国标规定常用字号的系列是 2.5 号、3.5 号、5 号、7 号、10 号、14 号、20 号。在图中书写的汉字不应小于 3.5 号，书写的数字和字母不应小于 2.5 号。

写长仿宋字应注意以下几点：

（1）要在字格（用很浅的硬铅芯细线画出）或衬格中写汉字。

（2）初练字时，行笔要慢，且各种笔画都是一笔写完，不要重描。

2.1.2.6　尺寸注法

图样上的尺寸用以确定物体大小和位置。工程图上必须标注尺寸。

标注尺寸总的要求是：

（1）正确合理　标注方式符合国标规定。

（2）完整划一　尺寸必须齐全，不在同一张图纸上但相同部位的尺寸要一致。

（3）清晰整齐　注写的部位要恰当、明显、排列有序。

尺寸注写，对不同专业图样有不同要求，本书仅介绍应遵守的一般规则。

1. 尺寸内容

一个完整尺寸的组成应包括尺寸界线、尺寸线、尺寸起止符号和尺寸数字四项，如图 2-6 所示。

（1）尺寸界线：被标注长度的界限线。

尺寸界线用细实线画。必要时图样轮廓线可以作为尺寸界线。

国标对建筑图与机械图尺寸界限线的画法要求有所不同，在建筑图中，尺寸界线近图样轮廓的一端应离开图样轮廓线不小于 2mm，另一端宜超出尺寸线 2～3mm；而在机械图中，尺寸界线近图样轮廓的一端应从轮廓线直接引出，另一端同建筑图要求。一般情况下，尺寸线应与被标注长度垂直。

（a）建筑类图样　　　　　　　　　（b）机械类图样

图 2-6　尺寸的组成

（2）尺寸线：被标注长度的度量线。

1）尺寸线用细实线画，不能用图样中的其他任何线代替。

2）尺寸线应与所标对象平行，其两端不宜超出尺寸界线。

3）画在图样外围的尺寸线，与图样最外轮廓线的距离不宜小于 10mm。

4）平行排列的尺寸线间距为 7～10mm，且应保持一致。

5）互相平行的尺寸线，应从被注轮廓线按小尺寸近、大尺寸远的顺序整齐排列。

（3）尺寸起止符号：尺寸线起止处所画的符号。

尺寸起止符号有两种：箭头和斜短线，如图 2-7 所示。

箭头的画法：箭头的式样如图 2-7（a）所示，可以徒手或用直尺画成。

斜短线的画法：用中粗斜短线画，其倾斜方向应与尺寸界线成顺时针 45°角，长度宜为 2～3mm，如图 2-7（b）所示。

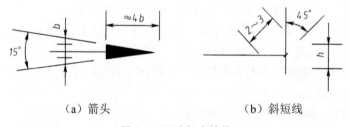

（a）箭头　　　　　　　　　（b）斜短线

图 2-7　尺寸起止符号

斜短线只能在尺寸线与尺寸界线垂直的条件下使用，而箭头可用于各种场合，同一张图纸的尺寸线起止符号应尽量一致。

根据建筑图和机械图所表达的对象的特点不同，建筑图的尺寸线起止符号习惯上用斜短线表示，机械图的尺寸线起止符号习惯上用箭头表示。对于以圆弧为尺寸界线的起止符号，宜用箭头表示。

（4）尺寸数字：被标注长度的实际尺寸。

注写尺寸时应注意以下几点：

1）所注写的尺寸数字是与绘图所用比例无关的设计尺寸。

2）工程图样上的尺寸应以尺寸数字为准，不得从图样上直接量取。

3）尺寸数字的长度单位，通常除建筑图的高程及总平面图上以米（m）为单位外，其他都以毫米（mm）为单位，所以图上标注的尺寸一律不写单位。

尺寸数字的读数方向是根据尺寸线的方向确定的。当尺寸线在垂直方向时，尺寸数字在尺寸线的左边，字头朝左；当尺寸线在水平方向时，尺寸数字在尺寸线的上边，字头朝上；尺寸线在其他方向上时，尺寸数字应按图 2-8 所示的规定注写。在 30°角斜区内注写尺寸时，宜按图 2-9 所示的方式注写。

图 2-8　尺寸数字的注写

（a）尺寸线上方标注　　（b）尺寸线中断处标注　　（c）指引线上标注　　（d）尺寸线延长线上标注

图 2-9　30°角斜区内尺寸数字的注写

任何图线都不得穿过尺寸数字，不可避免时，应将尺寸数字处的图线断开。

尺寸数字不得贴靠在尺寸线或其他图线上，一般应离开约 0.5mm。

当尺寸界线较密，以致注写尺寸数字的空隙不够时，最外边的尺寸数字可写在尺寸界线外侧，中间相邻的可错开或用引出线引出注写（见图 2-9）。

2. 半径、直径、球径的标注

（1）直径一般大于半圆的圆弧或圆应标注直径。直径可以标在圆弧上，也可标在圆成为直线的投影上，直径的尺寸数字前应加注直径符号"ϕ"，如图 2-10（a）、（b）、（c）、（d）所示。

标在圆弧上的直径尺寸应注意以下几点：

1）在圆内标注的尺寸线应通过圆心的倾斜直径，两端画成箭头指至圆弧，如图 2-10（a）所示。

2）较小圆的直径尺寸可标注在圆外。两端画成箭头由外指向圆弧圆心的形式标注或引出线标注，如图 2-11 所示。

3）直径尺寸还可标注在平行于任一直径的尺寸线上，此时需画出垂直于该直径的两条尺寸界线，且起止符号可用箭头或45°斜短线。

（2）一般情况下，对于半圆或小于半圆的圆弧应标注其半径。

半径的尺寸线一端从圆心开始，另一端画箭头指向圆弧；半径数字前应加注半径符号"R"，如图2-10（e）、（f）、（g）所示。

（a）直径标在圆周内　（b）直径标在圆周外　（c）大于半圆标注直径　（d）剖视图中直径的标法

（e）半径标在图形内　　　（f）较大圆弧半径通过圆心　　（g）较大圆弧半径指向圆心

图2-10　直径、半径的标注方法

图2-11　图形较小时的尺寸标注方法

小尺寸及较小圆和圆弧的直径、半径，可按图2-11所示的形式标注。

较大圆弧的半径，可按图2-10（f）、（g）所示的形式标注。

3. 球径

标注球的半径或直径时，需在半（直）径符号前加注球形代号"S"，如$S\phi 200$表示球直径为200mm，见图2-12（a），$SR500$表示球半径为500mm，见图2-12（b）。其他注写规则与圆半（直）径的相同。

（a）球径尺寸标注方法　　　　　　　（b）球半径尺寸标注方法

图 2-12　球径的标注方法

4. 角度、弧长、弦长的标注

（1）角度的尺寸线应画成细线圆弧，该圆弧的圆心应是该角的顶点。角的两边线可作为尺寸界线，也可用细线延长作为尺寸界线。起止符号应画成箭头，如没有足够位置，可用黑圆点代替。角度数字应字头朝上、水平方向注写，并在数字的右上角加注度、分、秒符号，如图 2-13（a）、（b）所示。

（2）弧长和弦长标注弧长时，尺寸线应是与该圆弧同心的细线圆弧。尺寸界线应垂直于该圆弧的弦。起止符号应画成箭头。弧长数字上方应加注圆弧符号"⌒"，如图 2-13（c）所示。

标注弦长时，尺寸线应为平行于该圆弧的弦的细直线。尺寸界线应垂直于该弦，如图 2-13（d）所示。

（a）角度的标注 1　　　　（b）角度的标注 2　　　　（c）弧长的标注　　（d）弦长的标注

图 2-13　角度、弧长、弦长的标注方式

5. 坡度的标注

斜面的倾斜度称为坡度（斜度），其注法有两种：用百分比表示和用比例表示，如图 2-14 所示。

图 2-14　坡度的标注

图 2-15 为直径或半径的错误标注和正确标注示例。

（a）错误标注　　　　　　　　　　　　（b）正确标注

图 2-15　直径或半径的标注示例

2.2　绘图工具及用法

常用手工绘图工具和仪器有铅笔、图板、丁字尺、三角板、比例尺、圆规、分规、曲线板等。正确使用绘图工具和仪器，才能加快绘图速度并保证绘图质量。

下面介绍几种常用的绘图工具和仪器及其使用方法。

2.2.1　铅笔

绘图所用铅笔以铅芯的软硬程度来分，用 B 和 H 标志表示其软硬程度。B 前的数字越大，表示铅芯越软；H 前的数字越大，表示铅芯越硬；HB 表示铅芯软硬适中。常用 H、2H 铅笔画底线，B、2B 铅笔来加深图线，HB 常用来写字。

2.2.2　图板

图板是用来固定图纸的，是画图时铺放图纸的垫板，板面要求平整光滑，图板的左边是丁字尺上下移动的导边，必须保持垂直。在图板上固定图纸时，要用胶带纸贴在图纸的四角上。画图时为方便起见，图板面宜略向上倾斜，如图 2-16 所示。

图 2-16　绘图板、丁字尺、三角板

2.2.3　丁字尺

丁字尺由尺身和尺头两部分组成。尺头与尺身垂直。使用时需将尺头紧靠图板左边，然后利用尺上边自左向右画水平线。画线时应从上往下，从左到右，依次而画。

2.2.4　三角板

三角板由两块组成一副（45°和60°）。三角板与丁字尺配合使用画垂直线及倾斜线，如图2-17所示。两块三角板配合还可以画任意方向的平行线和垂直线。

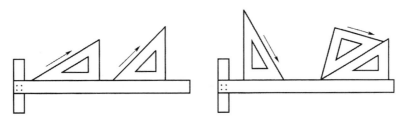

图 2-17　画斜线

2.2.5　比例尺

比例尺是直接用来放大或缩小图形的绘图工具。常用的三棱比例尺及其三个棱面上刻有六种不同的比例刻度。绘图时不需要通过计算，可以直接用它在图纸上量得实际尺寸，如图2-18所示。

图 2-18　比例尺

2.2.6　圆规和分规

圆规是画圆和圆弧的工具。圆规有两个支脚，一个是固定针脚，另一个一般附有铅芯插腿、钢针插腿、直线笔插腿和延伸杆等。画圆时，针脚位于圆心固定不动，另一支插脚随圆规顺时针转动画出圆弧线。

分规通常用来等分线段或量取尺寸。分规的形状与圆规相似，但两脚都装有钢针。使用时两针尖应调整到等长，当两腿合拢时，两针尖应合成一点。

2.2.7　制图模板

制图时为了提高质量和速度，通常使用各种模板，模板上刻有各种不同图形、符号、比例等，如图2-19所示。

图 2-19　建筑模板

2.2.8　曲线板

曲线板是用来绘制非圆曲线的工具。作图时应先定出曲线上若干点，徒手用铅笔依次连成曲线，然后找出曲线板与曲线吻合的部位，从起点到终点依次分段画出，如图 2-20 所示。每画下一段曲线时，注意应有一小段与上段曲线重合。

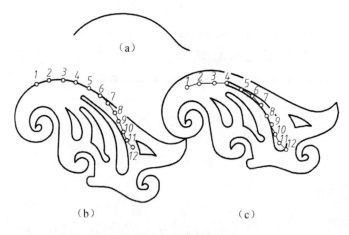

图 2-20　曲线板

2.3　几何作图

工程图样中的轮廓线千变万化，但它们基本上都是由直线、圆弧和其他一些曲线所组成的几何图形。为确保绘图质量和效率，除了要正确使用绘图工具和仪器外，还要熟练掌握常用的几何作图方法。

2.3.1　等分圆周作内接正多边形

2.3.1.1　正五边形的画法

如图 2-21 所示，作出水平线 *ON* 的中点 *M*，以 *M* 为圆心，*MA* 为半径画弧，交水平线于 *H*，以 *AH* 为边长，即可作出圆内接正五边形。

2.3.1.2　正六边形的画法

如图 2-22 所示，用 60°三角板配合丁字尺，通过水平直径的端点作平行线，可画出四条边，再以丁字尺作上、下水平边，即可画出圆内接正六边形。

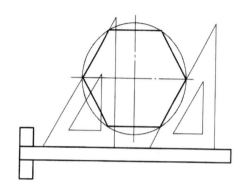

图 2-21　圆内接正五边形的画法　　　　　　图 2-22　圆内接正六边形的画法

2.3.1.3　正 *n* 边形的画法

如图 2-23 所示，将铅垂直经 *AB* 分成 *n* 等份（图中 *n*=7），以 *B* 为圆心、*AB* 为半径画弧，交水平中心线于 *K*（或对称点 *K*′），自 *K*（或 *K*′）与直径上奇数点（或偶数点）连线，并延长至圆周，即得各分点Ⅰ、Ⅱ、Ⅲ、Ⅳ，再作出它们的对称点，即可画出圆内接正 *n* 边形。

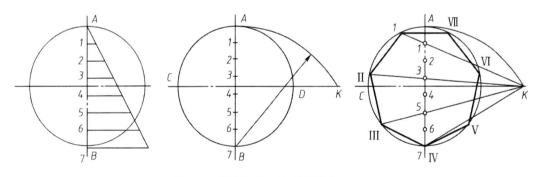

图 2-23　圆内接正 *n* 边形的画法（*n*=7）

2.3.2　斜度和锥度

2.3.2.1　斜度的画法

斜度是指一直线（或平面）对另一直线（或平面）的倾斜程度，其大小为该两直线（或平面）间夹角的正切值，在图样中以 1:*n* 的形式标注。图 2-24 为斜度 1:6 的作法：由点 *A* 在水

平线 *AB* 上取六个单位长度得点 *D*，过 *D* 点作 *AB* 的垂线 *DE*，取 *DE* 为一个单位长，连 *AE* 即得斜度为 1:6 的直线。斜度符号"∠"的方法应与倾斜方向一致。

2.3.2.2　锥度的画法

锥度是正圆锥底圆直径与圆锥高度之比，在图样中也用 1:*n* 的形式标注。图 2-25 为锥度 1:6 的作法：由点 *S* 在水平线上取六个单位长得点 *O*，过 *O* 点作 *SO* 的垂线，分别向上和向下量取半个单位长度，得 *A*、*B* 两点，分别过 *A*、*B* 点与点 *S* 相连，即得 1：6 的锥度。

图 2-24　斜度作法　　　　　　　　　　　图 2-25　锥度作法

2.3.3　椭圆的画法

2.3.3.1　同心圆法

如图 2-26 所示，以 *O* 为圆心，以长轴 *AB* 和短轴 *CD* 为直径画同心圆，过圆心 *O* 作一系列直径与两圆相交，自大圆的交点作短轴的平行线，自小圆的交点作长轴的平行线，其交点就是椭圆上的各点，用曲线板将这些点光滑地连接起来，即得椭圆。

2.3.3.2　四心圆弧法

如图 2-27 所示，连长、短轴的端点 *A*、*C*，以 *C* 为圆心，*CE* 为半径画弧交 *AC* 于 *E′* 点，作 *AE′* 的中垂线与两轴分别交于 O_1、O_2，并作 O_1 和 O_2 的对称点 O_3、O_4，最后分别以 O_1、O_2、O_3、O_4 为圆心，O_1A、O_2C、O_3B、O_4D 为半径画圆弧，这四段圆弧就近似地代替了椭圆，圆弧间的连接点为 *K*、*N*、N_1、K_1。

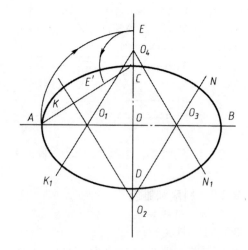

图 2-26　用同心圆法作椭圆　　　　　　　　图 2-27　用四心圆弧法作椭圆

2.3.4 圆弧连接

在绘图时，经常会遇到用圆弧来光滑连接已知直线或圆弧的情况，光滑连接也就是在连接处相切。为了保证相切，在作图时就必须准确地作出连接圆弧的圆心和切点。

圆弧连接有三种情况：用已知半径的圆弧连接两条直线；用已知半径的圆弧连接两圆弧；用已知半径的圆弧连接一直线与一圆弧。下面就各种情况作简要的介绍。

2.3.4.1 用已知半径为 R 的圆弧连接两条直线

已知直线Ⅰ、Ⅱ，连接弧的半径为 R，作连接弧的过程就是确定连接弧的圆心和连接点的过程，其作图步骤如图 2-28 所示。

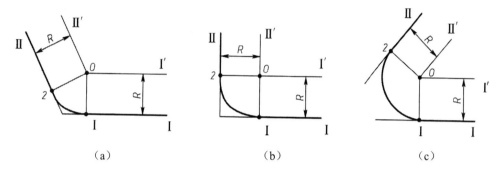

|（a）|（b）|（c）|

图 2-28 用圆弧连接两已知直线

（1）求连接弧的圆心 分别作与已知两直线相距为 R 的平行线Ⅰ′、Ⅱ′，其交点 O 即为连接弧圆心。

（2）求连接弧的切点 过 O 点分别向直线Ⅰ、Ⅱ作垂线，垂足1、2即为切点。

（3）以 O 为圆心，以 R 为半径在切点1、2之间作弧，即完成连接。

2.3.4.2 用已知半径为 R 的圆弧同时外切两圆弧，如图 2-29（a）所示

（1）求连接弧的圆心 分别以 R_1+R 及 R_2+R 为半径，以 O_1 及 O_2 为圆心，作两圆弧交于点 O，O 即为连接弧的圆心。

（2）求连接弧的切点 连接 O、O_1 交已知圆弧于点1，连接 O、O_2 交已知圆弧于点2，1、2即为切点。

（3）以 O 为圆心，以 R 为半径，在两切点1、2之间作弧，即完成连接。

2.3.4.3 用已知半径为 R 的圆弧同时内切两圆弧，如图 2-29（b）所示

（1）求连接弧的圆心 分别以 $R-R_1$ 及 $R-R_2$ 为半径，O_1 及 O_2 为圆心，作两圆弧交于点 O，O 即为连接弧的圆心。

（2）求连接弧的切点 连接 O、O_1 并延长交已知圆弧于点1，连接 O、O_2 并延长交已知圆弧于点2，1、2即为切点。

（3）以 O 为圆心，R 为半径，在两切点1、2之间作弧，即完成连接。

2.3.4.4 用已知半径为 R 的圆弧连接一直线与一圆弧

已知圆心为 O_1，半径为 R_1 的圆弧和一直线，用半径为 R 的圆弧将其圆滑连接起来，作图步骤如图 2-30 所示。

图 2-29　用圆弧连接两已知圆弧

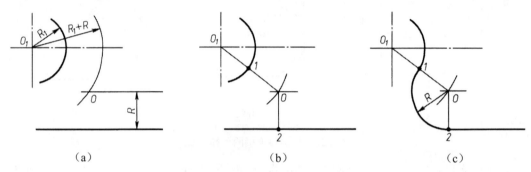

图 2-30　用圆弧连接已知圆弧和直线

2.4　平面图形分析及画法

平面图形是根据所给尺寸，按一定比例画出的。在画图前，应先结合图上的尺寸，对构成图形的各类线段进行分析，明确每一段的形状、大小及与其他线段的相互位置关系等，以便采取正确有效的画法。反过来，对已画好的平面图形要合理地标注尺寸，这不但有利于画图，也有利于识图。

2.4.1　平面图形的尺寸分析

平面图形上的尺寸，根据它在图形中所起的作用不同，可分为以下两类（本知识点在组合体部分还将详细讲解）。

（1）定形尺寸　确定图形中各部分形状和大小的尺寸。如图 2-31（a）中矩形的大小是由 a、b 两个尺寸确定的，a、b 即为定形尺寸；再如图 2-31（b）所示，圆的大小是由其直径 c 确定的，c 为圆的定形尺寸。

（2）定位尺寸　确定图形各部分之间相对位置的尺寸。平面图形往往不是单一的几何图形，而是由若干个几何图形组合在一起的。这样，除了每一几何图形必须有自己的定形尺寸外，还要有确定相对位置的尺寸。如图 2-31（c）中的图形由两个基本图形组成：下方为一矩形，由尺寸 a、b 定形；位于上偏左的为圆形，由直径尺寸 c 定形。但其位置是由左右向的尺寸 d

及上下向的尺寸 e 确定的，所以尺寸 d、e 是定位尺寸。

（a）矩形平面　　　　　（b）圆平面　　　　　　（c）组合图形

图 2-31　平面图形的尺寸分析

平面图形需要两个方向（左右向和上下向）的定形尺寸，也需要这两个方向的定位尺寸。

定位尺寸的起点称为尺寸基准，平面图形上应有两个方向的基准，通常以图形的主轴线、对称线、中心线及较长的直轮廓边线作为定位尺寸的基准，图 2-31（c）是把底边线和左边线作为基准，同一尺寸可能既是定形尺寸又是定位尺寸。

2.4.2　平面图形上线段性质的分析

平面图形上的线段，根据其性质的不同，可分为以下三类。

（1）已知线段　定形尺寸和定位尺寸齐全的线段。如图 2-32 中的 $\phi36$、$\phi26$、$R66$、$R37$ 均为已知弧，这些弧都可直接画出。其中 $\phi36$ 的中心线为两个方向的定位基准，$R50$ 和 5 为定位尺寸。

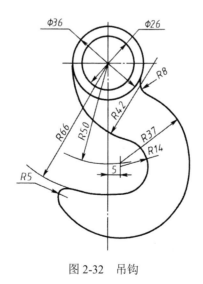

图 2-32　吊钩

（2）中间线段　有定形尺寸和一个方向的定位尺寸的线段；或只有定位尺寸，无定形尺寸。如图 2-32 中的 *R*14 只有一个距中心线左右方向为 5 的定位尺寸，要画出该线段，其圆心上下方向的定位需依赖与其一端相切的已知线段 *R*66 才能画出。

（3）连接线段　只有定形尺寸而没有定位尺寸的线段。如图 2-32 中的 *R*8、*R*42、*R*5 均为连接弧，作图时要根据它们与相邻线段的连接关系，通过几何作图方法求出它们的圆心。

对于有圆弧连接的图形，必须先分析其已知弧、中间弧和连接弧，然后才能进行绘制和标注尺寸。作图顺序是先画已知弧，再画中间弧，最后画连接弧。

下面以图 2-32 中的吊钩为例，说明平面图形的画法：

（1）选定合适的比例，布置图面。

（2）画定位线、基准线，如图 2-33（a）所示。

（3）画出已知线段 ϕ36、ϕ26、*R*66、*R*37，如图 2-33（b）所示。

（4）用几何作图法画出中间弧 *R*14，如图 2-33（c）所示。

（5）用几何作图法画出连接弧 *R*8、*R*42、*R*5，如图 2-33（d）所示。

（6）最后加深底稿，标注尺寸，完成作图，如图 2-32 所示。

（a）画定位线、基准线　　（b）画已知弧 ϕ36、ϕ26、*R*66、*R*37　　（c）画中间弧 *R*14　　（d）画连接弧 *R*8、*R*42、*R*5

图 2-33　吊钩的作图过程

2.5　绘图的方法和步骤

要使图样绘制得正确无误、迅速和美观，除了必须熟练地掌握各种作图方法，正确地使用质量较好的制图用具和良好的工作环境以外，还需按照一定的程序进行工作。

2.5.1　制图前的准备工作

（1）绘图桌的位置应布置在光线自左前方来光的位置，不要对着窗子安置绘图桌，以免因图纸面反光而影响视力，晚间绘图时应注意灯光的方向。

（2）将绘图时所用的资料备齐放好（放在制图桌旁边的桌子上或书桌内）。

（3）把绘图板及制图用具，如三角板、丁字尺、比例尺等都用软布擦干净。

（4）将铅笔削好，并备好磨削铅笔用的细砂纸。

（5）准备一张清洁的图纸，并固定在图板的中间偏左下的位置。

（6）在画图以前或在削铅笔以后要将手洗干净。

2.5.2　绘制图稿应注意的问题

1. 画底稿的步骤

（1）贴好图纸后，先画出图框及标题栏。

（2）确定图形在图纸上的位置：在适当的位置画出所作图形的对称轴线、中心线或基线。

（3）根据图形的特点，按照从已知线段到连接线段的顺序画出所有图线，完成全图。

（4）画出尺寸线及尺寸界线。

（5）检查和修正图样底稿。

2. 加深图线

用铅笔描黑图样时对线型的控制较难，因为铅笔线粗细、浓淡不易保持一致。一般在画较粗的图线时可采用 B 或 2B 的铅笔描黑；画细线及标注尺寸数字等时，可采用较硬的铅笔（HB）来描绘或书写。

铅笔必须经常修削。用铅笔描黑同一种线型的直线和圆弧时应保持同样的粗度和浓度，但如果圆规插脚中的铅芯硬度与铅笔的硬度为同一型号，圆规画出的线要淡些，这时可换用较画直线的铅芯软一些的铅芯来画。画圆或圆弧时可重复几次，但不要用力过猛，以免圆心针孔扩大。在画图线时应避免画错或画线过长，因为用铅笔描黑的图样如用橡皮修整，往往会留有污迹而影响图面的整洁。

为了避免铅笔芯末玷污图纸，同一线型、同一朝向的同类线，应尽可能按先左后右、先上后下的次序一次完成。当直线和圆相切时，宜先画圆弧后画直线。

2.5.3　注意事项

（1）应当以正确的姿势进行绘图。不良的绘图姿势不但会增加疲劳感，影响效率，有时还会损害视力，有害身体健康。

（2）图纸安放在图板上的位置。图纸要靠近图板左边（图板只留出 2～3 cm），图纸下边至图板边沿应留出放置丁字尺尺身的位置。

（3）应用 2H 或 3H 的铅笔画底稿，铅芯应削成圆锥形，笔尖要保持尖锐。

（4）画线时用力要轻，不可重复描绘，所作图线只要能辨认即可。

（5）初学者在画底稿图线时，最好分清线型，以免在描绘或加深时发生错误。

（6）应尽量防止画出错误和过长的线条。当有错误或过长的线条时，不必立即擦除，可标以记号，待整个图样绘制完成后，再用橡皮擦掉。

（7）对于当天不能完成的图样，应在图纸上盖上纸或布，以保持图面的整洁。

绘图中要避免出现任何差错，以保证图样的正确和完整。在开始学制图时，每画完一张图样，都要认真检查校对，以免出现差错。

第 3 章　投影基础

3.1　投影法概述

3.1.1　投影的概念

我们知道，物体在光源的照射下，在平面上产生图像，此图像为物体在平面上的投影，这种方法称为投影法。工程上的图样就是依据此法绘制的。如图 3-1 所示，设空间有一平面 P，平面外有一定点 S（光源）。若把空间点 A 投影到平面 P 上，可连接 SA 并延长与平面 P 交于点 a，点 a 称为空间点 A 在平面 P 上的投影，P 为投影面，S 为投影中心，SAa 为投射线。

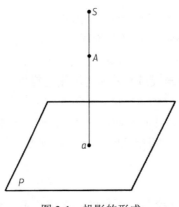

图 3-1　投影的形成

3.1.2　投影的分类

投影法一般分为两类：中心投影法和平行投影法。

1. 中心投影法

一组投射线都通过投影中心，如图 3-2 所示，有如灯光光源照射物体形成影子，称此投影法为中心投影法。

2. 平行投影法

一组投射线相互平行，如图 3-3 所示，有如阳光光源照射物体形成影子，称此投影法为平行投影法。

平行投影法可分为两种：

（1）正投影法：投射线方向垂直于投影面，如图 3-3（a）所示。

（2）斜投影法：投射线方向倾斜于投影面，如图 3-3（b）所示。

图 3-2　中心投影法

用正投影法确定空间几何形体在平面上的投影，能正确反映其几何形状和大小，作图也简便，所以在画法几何和工程制图中得到广泛应用。本书主要是研究正投影法。

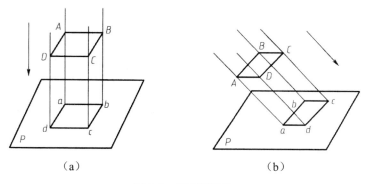

图 3-3　平行投影法

3.1.3　工程上常用的几种图示法

用图示法表达工程结构物时，由于表达目的和被表达对象特性不同，往往需要采用不同的图示方法。工程上常用的投影法有正投影法、轴测投影法、透视投影法和标高投影法。

1. 正投影

用正投影法把形体向两个或三个互相垂直的面投影，然后将这些带有形体投影图的投影面展开在一个平面上，从而得到形体的多面正投影图。

正投影图的优点是能准确地反映形体的形状和构造，作图方便，度量性好，工程上应用最广，其缺点是立体感差，如图 3-4 所示。

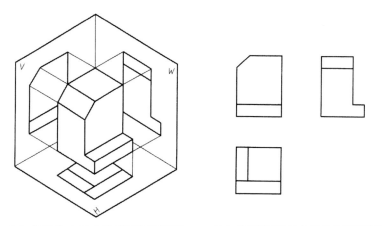

（a）把物体向三个投影面作正投影　　　（b）投影面展开后得到的正投影图

图 3-4　多面正投影法

2. 轴测投影

轴测投影是平行投影之一，简称轴测图，它是把形体按平行投影法投影到单一投影面上所得到的投影图，如图 3-5 所示。这种图的优点是立体感强，但不够悦目和自然，也不能完整地表达形体的形状，工程中常作辅助图样。

3. 透视投影

透视投影法即中心投影法，透视投影图简称透视图，如图 3-6 所示。透视图属于单面投影。由于透视图的原理与照相相似，它符合人们的视觉原理，形象逼真、直观，常用为大型工程设计方案比较、展览的图样。但其缺点是作图复杂，不便度量。

图 3-5　轴测投影图

图 3-6　透视投影图

4. 标高投影

标高投影是一种带有数字标记的单面正投影。如图 3-7 所示，某山丘被一系列带有高程的假想水平面所截切，用标有高程数字的截交线（等高线）来表示起伏的地形面，这就是标高投影。它具有一般正投影的优缺点。标高投影在工程上被广泛采用，常用来表示不规则的曲面。如船舶、飞行器、汽车曲面以及地形面等。

（a）　　　　　　　　　　　　　（b）

图 3-7　标高投影

3.2　平行投影特性

任何工程形体都是由点、线、面组成的，因此，要认真掌握形体的正投影，就必须先了解点、线、面平行投影的基本规律。

1. 类似性

（1）点的投影仍然是点，本质上过点的投射线与投影面的交点，见图 3-8（a）。

（2）直线的投影一般情况下仍是直线，当直线倾斜于投影面时，其正投影小于实长，见图 3-8（b）。

（3）平面的投影在一般情况下仍是平面。当平面倾斜于投影面时，其正投影小于实形，见图 3-8（c）。

（a）点的投影　　　　　　（b）直线的投影　　　　　　（c）平面的投影

图 3-8　点、直线、平面的类似性

2. 全等性

（1）当直线平行于投影面时，其投影反映实长，见图 3-9（a）。

（2）当平面图形平行于投影面时，其投影反映实形，见图 3-9（b）。

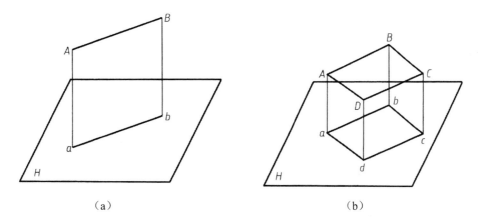

（a）　　　　　　　　　　　　　　　　（b）

图 3-9　直线与平面的全等性

3. 积聚性

（1）当直线垂直于投影面或平行于投射线时，其投影积聚为一点，见图 3-10（a）。

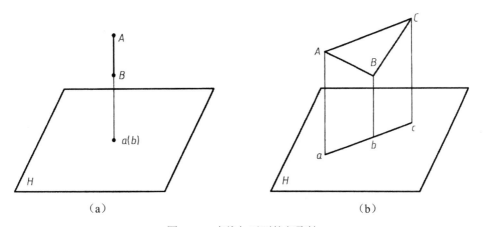

（a）　　　　　　　　　　　　　　　　（b）

图 3-10　直线与平面的积聚性

（2）当平面垂直于投影面或平行于投射线时，其投影积聚为一条直线，见图 3-10（b）。

4. 从属性

（1）点在直线上，则点的投影一定在该直线的投影上。

（2）点、直线在平面上，则点的投影一定在该平面的投影上。

5. 定比性

直线上一点把直线分成两段，该两段之比，等于该点的投影分直线的投影所成的两段投影之比，见图 3-11。

6. 平行性

空间上平行的两直线，其投影一定平行，且两空间平行线段长度之比等于其投影之比。

注意：这种平行线段成比例时，字母顺序不能颠倒，见图 3-12。

图 3-11　直线的定比性

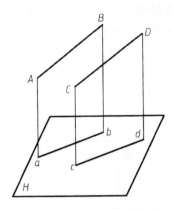

图 3-12　两平行直线的投影

3.3　点的投影

点的投影仍然是点，而且在一定条件下是唯一的。图 3-13 中，空间点 A 在 P 投影面上的投影为 a，但是在同样的条件下，若仅根据点的一个投影，则不能确定点的空间位置。若仅知道投影 b，则不能确定与之对应的空间点。

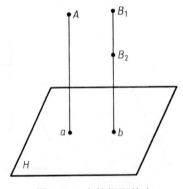

图 3-13　点的投影特点

3.3.1 点的投影过程

1. 三投影面体系

点的投影是在投影体系中实现的。投影体系由三个相互垂直的平面组成，这三个平面称为投影面。其中一个为水平位置，称为水平投影面，简称水平面，以 H 表示，表示前后和左右两个方向的尺度；一个为正立位置，称为正立投影面，简称正面或立面，以 V 表示，表示上下和左右两个方向的尺度；一个为侧立位置，称为侧立投影面，简称侧面，表示前后和上下两个方向的尺度，以 W 表示，如图 3-14 所示。由此可见三面投影体系中的任两个投影面已经包含了确定空间点所必需的三个向度，即左右、前后、上下。

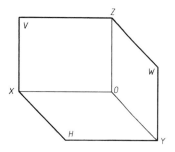

图 3-14 三投影面体系

在该投影体系中，每两个投影面的交线称为投影轴：H 投影面与 V 投影面的交线称为 OX 轴，H 投影面与 W 投影面的交线称为 OY 轴，V 投影面与 W 投影面的交线称为 OZ 轴。三个投影轴的交点 O 称为原点。

2. 点的投影过程

在三投影面体系中设有空间点 A，将 A 分别向三个投影面进行投影，则在 H 投影面上的投影，称为水平投影（用 a 表示）；点 A 在 V 投影面上的投影，称为正面投影（用 a' 表示）；点 A 在 W 投影面上的投影，称为侧面投影（用 a'' 表示）。于是，点 A 的位置由其三面投影 a、a'、a'' 完全确定，如图 3-15 所示。

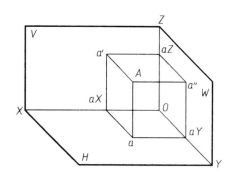

图 3-15 点的三面投影

在实际应用中，是将空间点 A 投影后将其移去，再将投影体系连同点的投影展开成一个平面，变成平面投影面体系。其展开方法是：V 面不动，H 面绕 OX 轴向下旋转，W 面绕 OZ 轴向右旋转。各旋转 $90°$ 与 V 面共面，如图 3-16（a）所示。由于 OY 轴为 H 面和 W 面所共有，故展开后分别属于 H 和 W 两投影面。以 OY_H 和 OY_W 表示，如图 3-16（b）所示。

各投影面可视为无界平面，故去掉其边框，以相交的投影轴表示三投影面，如图 3-16（c）所示，即 XOZ、XOY_H 和 ZOY_W 分别表示 V、H 和 W 投影面。由于 aa_X、$a''a_Z$ 都反映空间点 A 到 V 面的距离（$aa_X=a''a_Z$），为作图方便和解题的需要，通常自原点 O 引 $\angle Y_HOY_W$ 的等分角线作为辅助线。

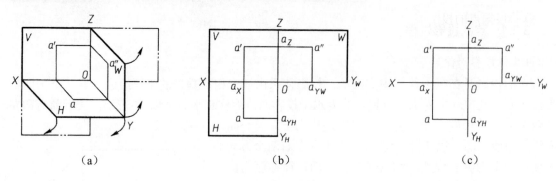

|（a）|（b）|（c）|

图 3-16　投影面的展开

3.3.2　点的投影规律

综上所述，通过点的投影过程可总结出三投影面体系中点的投影规律如下：

（1）点的正面投影 a' 与其他两投影 a 和 a'' 连线分别垂直于 OX 轴和 OZ 轴，即 $a'a⊥OX$，$a'a''⊥OZ$。

（2）点的投影到各投影轴的距离，等于空间点到相应投影面的距离。即：

$a'a_{x}=a''a_{YW}=Aa$（点 A 到 H 面的距离）；

$aa_{X}=a''a_{Z}=Aa'$（点 A 到 V 面的距离）；

$a'a_{Z}=aa_{YH}=Aa''$（点 A 到 W 面的距离）。

即：

正面投影与水平投影　　长对正；

正面投影与侧面投影　　高平齐；

水平投影与侧面投影　　宽相等。

3.3.3　点的投影与坐标

如果我们把投影面当作坐标面，把投影轴当作坐标轴，投影原点 O 当作坐标原点，这样就建立了一个直角坐标系。坐标系中点的位置用(X,Y,Z)表示。若与点的三面投影图比较，可以发现：

坐标 $X= a'a_{Z}=aa_{YH}=Aa''$

坐标 $Y= aa_{X}=a''a_{Z}=Aa'$

坐标 $Z= a'a_{x}=a''a_{YW}=Aa$

因此，点的三面投影与坐标的关系为：

正面投影 a' 反映坐标 $a'(X,Z)$

水平投影 a 反映坐标 $a(X,Y)$

侧面投影 a'' 反映坐标 $a''(Y,Z)$

由以上关系可知，已知点的任意两个投影便可确定点的三个坐标，三个坐标可以确定点的空间位置，点的空间位置确定，便可作出点的三个投影，因此可以得出结论：点的两面投影便可确定点的空间位置。根据点的任意两投影和点的投影规律，可求出点的第三投影。

　　例　已知点 A 的正面投影 a' 和水平投影 a，试求其侧面投影 a''，如图 3-17（a）所示。

解　根据点的投影规律可知，a' 和 a'' 连线垂直于 OZ 轴，且 $a''a_Z=aa_X$，由此求得 a''。其作图方法如图 3-17（b）所示，自原点 O 引 $\angle Y_WOY_H$ 等分角线，再自 a' 和 a'' 分别作如箭头所示方向引线，其交点即为所求。

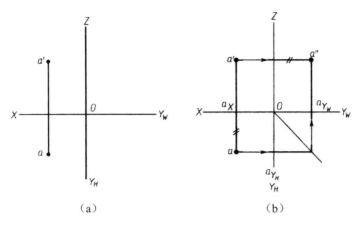

图 3-17　点的投影规律

2.3.4　特殊点的投影

由于空间点所处位置不同，有的点的某一投影表现为特殊性，我们称这样的点为特殊点，一般有下列两种情况。

1. 投影面上的点

若点在某投影面上，则其投影特点为点距该投影面的距离为零，在该投影面上的投影与空间点重合，其另两投影在投影轴上。图 3-18（a）中，点 B 在 V 面上，根据点的投影规律，反映点 B 到 V 面距离为零，b' 与 B 重合，其水平投影 b 在 OX 轴上，其侧面投影 b'' 在 OZ 轴上，如图 3-18（b）所示。

图 3-18　特殊点的投影

2. 投影轴上的点

若点在投影轴上，即为两投影面所共有，其投影特点为在该两投影面上的投影与空间点重合，一个投影与原点 O 重合，如图 3-18 中的点 D。

3.3.5 两点的相对位置与重合投影

若已知两点的投影，便可根据点的投影对应关系，判别它们在空间的相对位置。如图 3-19 所示，已知点 A 和点 B 的三面投影，则由两点的投影沿左右、前后、上下三个方向所反映的坐标差，可知点 B 在点 A 的左、前、下方。反之，若已知两点的相对位置及其中一点的投影，便可作出另一点的投影。

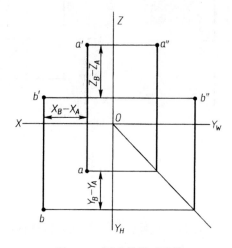

图 3-19　两点的相对位置

我们把与投影面相垂直的同一条投射线上的两点称之为该投影面的重影点，此两点在该投影面上的投影重合为一点，如图 3-20 中的 E、F 两点即为 V 面的重影点。

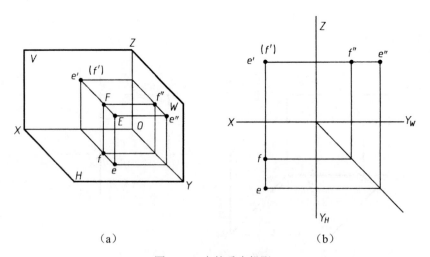

（a）　　　　　　　　　　　　　　（b）

图 3-20　点的重合投影

重影点在某投影面的重合投影，由于两点的相对位置关系而存在一个可见与不可见的问题。图 3-20 中，e' 和 f' 为重合投影。由其水平投影可知点 E 在前，点 F 在后，所以 e' 为可见，f' 为不可见，并以 (f') 表示。重合投影可见性的判别方法，就是利用具有坐标差的另一投影进行，并将不可见的投影加以小括号表示。

3.4　直线的投影

3.4.1　直线的投影

根据"两点确定一直线"的几何条件，空间直线的投影可由直线上任意两点的投影确定。通常是取直线段两端点间连线表示，即作出直线上两端点投影后，将同面投影连接起来便得到直线的投影图。直线的投影一般仍为直线，当直线垂直于投影面时，其投影积聚为一点，如图3-21 所示。

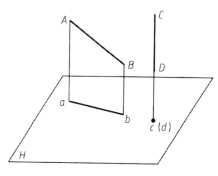

图 3-21　直线的投影

3.4.2　直线与投影面的相对位置及其投影特性

在三投影面体系中，直线与投影面的相对位置可分为一般位置直线和特殊位置直线。下面分别介绍它们的投影特性。

1. 一般位置直线的投影

同时倾斜于三个投影面的直线称为一般位置直线，如图 3-22 中的直线 AB。

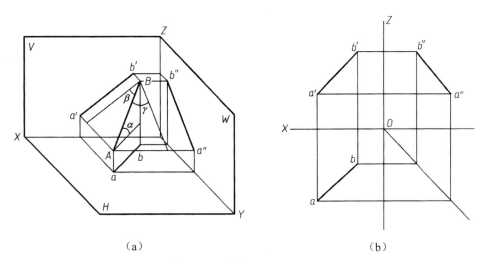

（a）　　　　　　　　　　　　　　　　（b）

图 3-22　一般位置直线的投影

一般位置直线对 H、V 和 W 三投影面的倾角分别以 α、β 和 γ 表示，于是有 $ab=AB\cos\alpha$，$a'b'=AB\cos\beta$，$a''b''=Ab\cos\gamma$。由此可知，一般直线的各投影均小于实长，且各投影与相应投影轴的夹角均不能反映在空间该直线与相应投影面的真实倾角。

2. 特殊位置直线的投影

特殊位置直线可分为两类，即投影面平行线和投影面垂直线。

（1）投影面平行线。

平行于一个投影面的直线称为投影面平行线。平行于 H 面的直线称为水平线；平行于 V 面的直线称为正平线；平行于 W 面的直线称为侧平线。因为投影面平行线上各点与其所平行的投影面距离相等，所以它具有如下投影性质：

1）直线在其所平行的投影面上的投影反映实长，该投影与两投影轴的夹角，分别反映直线对相应投影面的倾角。

2）直线的其余两投影平行于相应投影轴。

各平行线的投影性质参看表 3-1。

表 3-1 投影面的平行线

名称	水平线	正平线	侧平线
立体图			
投影图			

投影特性				
投影特性	H	$ab=AB$ 实长，反映 β、γ 倾角	$cd \perp OY_H$，$cd < CD$	$ef \perp OX$，$ef < EF$
	V	$a'b' \perp OZ$，$a'b' < AB$	$c'd' = CD$ 实长，反映 α、γ 倾角	$e'f' \perp OX$，$e'f' < EF$
	W	$a''b'' \perp OZ$，$a''b'' < AB$	$c''d'' \perp OY_W$，$c''d'' < CD$	$e''f'' = EF$ 实长，反映 α、β 倾角
倾角		$\alpha = 0°$，$0° < \beta$、$\gamma < 90°$	$\beta = 0°$，$0° < \alpha$、$\gamma < 90°$	$\gamma = 0°$，$0° < \alpha$、$\beta < 90°$

（2）投影面垂直线。

垂直于投影面的直线称为投影面垂直线。垂直于 H 面的直线，称为铅垂线；垂直于 V 面的直线称为正垂线；垂直于 W 面的直线，称为侧垂线。因为某投影面的垂直线必同时平行于其余两投影面，所以它有如下投影性质：

1）直线在其所垂直的投影面上的投影积聚为一点。

2）直线的其余两投影垂直于相应投影轴且反映实长。

各垂直线的投影性质参看表 3-2。

表 3-2　投影面垂直线

名称		铅垂线	正垂线	侧垂线
立体图				
投影图				
投影特性	H	$a(b)$ 积聚为一点	$cd = CD$，$cd \, /\!/ \, OY_H$	$ef = EF$，$ef \, /\!/ \, OX$
	V	$a'b' = AB$，$a'b' \, /\!/ \, OZ$	$c'(d')$ 积聚为一点	$e'f' = EF$，$e'f' \, /\!/ \, OX$
	W	$a''b'' = AB$，$a''b'' \, /\!/ \, OZ$	$c''d'' = CD$，$c''d'' \, /\!/ \, OY_W$	$e''(f'')$ 积聚为一点
倾角		$\alpha = 90°$，$\beta = \gamma = 0°$	$\beta = 90°$，$\alpha = \gamma = 0°$	$\gamma = 90°$，$\alpha = \beta = 0°$

3.4.3　求线段实长及倾角

既然一般位置直线的投影均不反映线段的实长及倾角，而如果知道线段的两个投影，则线段的空间位置就完全确定了。我们依据直角三角形法求解线段的实长及与投影面之间的倾角。

如图 3-22 所示，过 A 点作 $AC \, /\!/ \, ab$，则得直角三角形 ABC，线段 AB 是该三角形的斜边，$\angle BAC$ 即为线段 AB 对 H 面的倾角 α，直角三角形的一个直角边 $AC = ab$，另一个直角边 BC 等于 B 点和 A 点的高低之差，即坐标差 $\triangle Z_{AB} = Z_B - Z_A$，这些数值都可以从已知线段的投影图上量得。因此，若利用线段的水平投影 ab 和两端点 A 和 B 的 Z 坐标差（$\triangle Z_{AB} = Z_B - Z_A$）作为两个直角边，作出直角三角形，即可求出线段的实长和倾角 α。

这种利用直角三角形求线段的实长及倾角的方法称为直角三角形法。其要点是以线段的一个投影为直角边,以线段两端点相对于该投影面的坐标差为另一直角边,所构成的直角三角形的斜边即为线段实长,斜边与线段投影之间的夹角即为直线对投影面的倾角。

构成直角三角形共有四个参数:①直线段实长;②该直线段在某投影面上的投影;③该直线段两端点相对于该投影面的坐标差;④该直线段对该投影面的倾角。只要知道其中任意两个参数,直角三角形即可确定,也可求出另外两个参数,其对应关系如表 3-3 所示。

表 3-3　直角三角形法求线段实长及倾角

直线的投影（直角边）	坐标差（直角边）	实长（斜边）	倾角
H 面投影 ab	$\triangle Z$	AB	α
V 面投影 $a'b'$	$\triangle Y$	AB	β
W 面投影 $a''b''$	$\triangle X$	AB	γ

例　求直线 AB 的 γ 角,见图 3-23。

解　①求出 AB 直线的 W 面投影 $a''b''$;

②以 $a''b''$ 为直角边,过 a'' 作 $a''b''$ 的垂线;

③在垂线上截 $a''k''=\triangle X$ 为另一直角边,连接斜边 $b''k''$,$\angle b$ 即为 AB 的 γ 角。

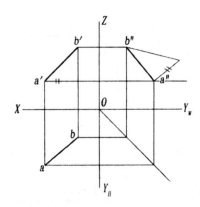

图 3-23　求直线 AB 的 γ 角

3.4.4　直线上的点

直线上点的投影特性如下:

（1）从属性。若点在直线上,则该点的各投影必在该直线的同名投影上。反之,若点的各投影分别在直线的各同名投影上,则该点必在此直线上。

一般情况由点和直线的两面投影即可判断点是否在直线上。如图 3-24 所示,k 在 ab 上,k' 在 $a'b'$ 上,则点 K 必在直线 AB 上。

（2）成比例。线段上的点分线段所成比例在其各投影上保持不变。若点 K 把 AB 线段分为 $AK:KB=1:2$,则 $AK:KB=a'k':k'b'=a''k'':k''b''=1:2$;反之亦成立。

若要根据两面投影图判断点是否属于平面,有以下两种情况:

（1）对于一般位置直线或特殊位置直线给出了反映实长投影时,只看两面投影是否符合从属性特点,若有,则空间点一定在直线上;反之,则点一定不在直线上。

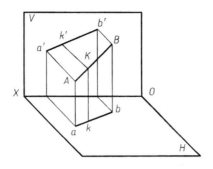

图 3-24   直线上的点

（2）对于投影面平行线，若已知两投影无反映实长投影时，就一定要看三个投影或在两个投影上看是否有成比例的特点。如果三个投影都有从属性特点或两个投影成比例，则点一定在直线上。

3.4.5   两直线的相对位置

两直线的相对位置有平行、相交和交叉三种情况，前两种为同面两直线，后一种为异面两直线。

1. 平行两直线

若两直线平行，其各同面投影必平行。反之，若两直线的各同面投影平行，则该两直线必平行。

若两直线均为一般位置直线时，只要检查两面投影即可判定，如图 3-25 所示，$ab//cd$，$a'b'//c'd'$，所以，$AB//CD$。若两直线为某投影面平行线时，视其在所平行的投影面上的投影是否平行而判定，如图 3-26 所示，虽然 $k'l'//m'n'$，$kl//mn$，但两直线均为侧平线，而侧面投影 $k''l'' \neq m''n''$，所以，$KL \neq MN$。

图 3-25   平行二直线

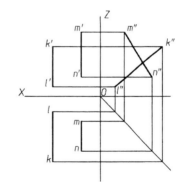

图 3-26   判断两直线的相对位置

2. 相交两直线

若两直线相交，其各同面投影必相交，且交点的投影符合点的投影规律；反之，若两直线的各同面投影均相交，且交点连线垂直于投影轴，则该两直线必相交。在一般情况下，只要检查两面投影即可判定，如图 3-27 所示，k' 为 $a'b'$ 和 $c'd'$ 的共有点，k 为 ab 和 cd 的共有点，且 $k'k$ 垂直于 OX 轴，所以直线 AB 和 CD 为相交两直线，其交点为 K。

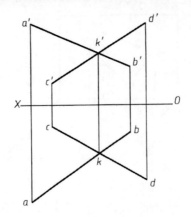

图 3-27　相交二直线

3. 交叉两直线

既不平行又不相交的两直线称为交叉两直线。在投影图上，若两直线的各同名投影不具有平行两直线的投影性质，也不具有相交两直线的投影性质，则可判定为交叉两直线。图 3-28 和图 3-29 为交叉两直线，交叉两直线出现重影点，根据重影点的可见性判别两直线空间的相对位置。图 3-28 中，其水平投影的交点 1（2），为直线 AB 上点 I 和直线 CD 上点 II 的水平重影点，因为 1′ 的 z 坐标值大于 2′ 的 z 坐标值，所以直线 AB 在直线 CD 上方；同理，从正面重影点可以判别出水平投影点 3 在前，点 4 在后，所以直线 CD 在直线 AB 的前方。

图 3-28　交叉两直线

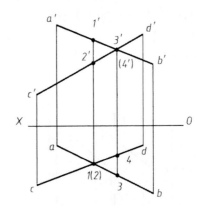

图 3-29　重影点的判断

直角投影定理

定理：垂直相交的两直线，若其中一直线平行于某投影面，则两直线在该投影面上的投影反映直角。证明略。

逆定理　若相交两直线在某投影面上的投影为直角，且其中一直线与该投影面平行，则该两直线在空间必相互垂直。

例　已知菱形 $ABCD$ 的对角线 BD 的投影 bd、$b'd'$，和另一对角线 AC 端点 A 的水平投影 a，如图 3-30（a）所示，试完成菱形的两面投影。

解　根据菱形对角线相互垂直且平分的性质，可先确定 BD 的中点 E，因 BD 是正平线，根据直角投影定理可知，$a'c' \perp b'd'$，而求得 a'，并可确定 $a'c'$，再作出其水平投影 ac，便可得

菱形的两面投影 *abcd* 和 *a'b'c'd'*，如图 3-30（b）所示。

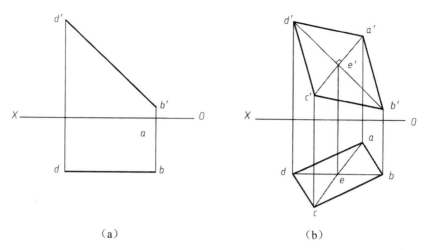

（a）   （b）

图 3-30   直角投影定理的应用

3.5   平面的投影

3.5.1   平面的表示方法

在投影图上，通常用如下五组几何要素中的一组表示平面，如图 3-31 所示：①不在一直线上的三点；②直线和直线外一点；③相交两直线；④平行两直线；⑤任意平面图形（三角形、圆及其他图形）。

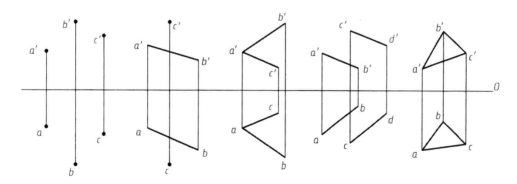

图 3-31   平面的表示方法

由此可见，以上五种表示方法本质上都是用平面内有限的几何元素来表示无限大的平面，而且这几种表达方式之间可以转化。这种转化显然只是表达方式的变化，平面的空间位置并没有改变。

3.5.2   各种位置平面的投影

在三面投影体系中，平面对投影面的位置可以分为三类：

一般位置平面——倾斜于各个投影面的平面。

投影面垂直面——垂直于一个投影面的平面。

投影面平行面——平行于一个投影面，且与另两个投影面都倾斜的平面。

后两种平面又统称为特殊位置平面。

平面对 H、V、W 面的倾角（即该平面与投影面所夹的二面角）分别以 α、β、γ 表示。由于平面对投影面位置的不同，它们的投影也各有不同的特点。

1. 一般位置平面

与三个投影面都倾斜的平面称为一般位置平面，平面与 H、V 和 W 面的倾角分别用 α、β、γ 表示。由于一般位置平面与三个投影面均倾斜，所以它们的投影仍是平面图形，且面积缩小，如图 3-32 中的 $\triangle ABC$。

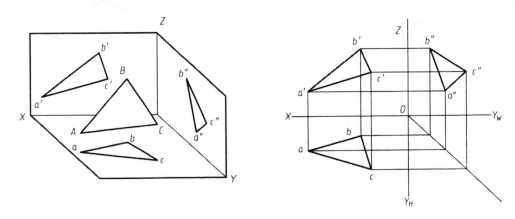

图 3-32　一般位置平面的投影

2. 特殊位置平面

特殊位置平面包括以下两种：

（1）投影面垂直面——垂直于一个投影面而倾斜于另外两个投影面的平面。按所垂直的投影面不同有铅垂面（$\perp H$）、正垂面（$\perp V$）和侧垂面（$\perp W$）。

（2）投影面平行面——平行于一个投影面而垂直于另外两个投影面的平面。投影面平行面也有三种，分别是水平面（$/\!/ H$），正平面（$/\!/ V$）和侧平面（$/\!/ W$）。

特殊位置平面的投影特性见表 3-4 和表 3-5。

表 3-4　投影面垂直面

名称	铅垂线	正垂线	侧垂线
立体图			

续表

名称		铅垂线	正垂线	侧垂线
投影图				
投影特性	H	p 积聚成一直线	q，Q 为类似图形	r，R 为类似图形
	V	p'，P 为类似图形	q' 积聚成一直线	r'，R 为类似图形
	W	p''，P 为类似图形	q''，Q 为类似图形	r'' 积聚成一直线
倾角		p 与投影轴夹角反映 β、γ　$\alpha = 90°$，$0° < \beta$、$\gamma < 90°$	q' 与投影轴夹角反映 β、γ　$\beta = 90°$，$0° < \alpha$、$\gamma < 90°$	r'' 与投影轴夹角反映 β、γ　$\gamma = 90°$，$0° < \alpha$、$\beta < 90°$

表 3-5　投影面平行线

名称		水平面	正平面	侧平面
立体图				
投影图				
投影特性	H	p 反映实形	q 积聚成一直线，$q \perp OY_H$	r 积聚成一直线，$r \perp OX$
	V	p' 积聚成一直线，$p' \perp OZ$	q' 反映实形	r' 积聚成一直线，$r' \perp OX$
	W	p'' 积聚成一直线，$p'' \perp OZ$	q'' 积聚成一直线，$q'' \perp OY_W$	r'' 反映实形
倾角		$\alpha = 0°$，$\beta = \gamma = 90°$	$\beta = 0°$，$\alpha = \gamma = 90°$	$\gamma = 0°$，$\alpha = \beta = 90°$

3.5.3　平面内的点和直线

1. 平面内的点和直线

（1）平面内取点。

点在平面内，则该点必在此平面内的一条直线上。这是点在平面内存在的几何条件。因此，在平面内取点，要取在平面内的已知直线上。图 3-33 为在相交二直线 *AB* 和 *BC* 所确定的平面内取任一点 *M*(*m*,*m*′)，此点取在已知直线 *BC* 上，即在 *bc* 上取 *m*，在 *b*′*c*′ 上取 *m*′，则此点必在该平面内。据此可判别点是否在平面内或仅知点的一个投影求另一投影时，则利用在平面内取直线的方法，过该点作直线求之。

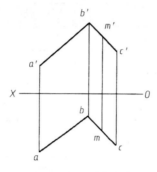

图 3-33　平面内取点

（2）平面内取直线。

直线在平面内，则该直线必通过此平面内的两个点；或通过此平面的一个点，且平行于此平面内的另一已知直线，这是直线在平面内的存在的几何条件。在平面内取直线，依此条件可在平面内取两已知点连线；或取一已知点，过该点作平面内已知直线的平行线。

图 3-34 为在相交两直线 *DE* 和 *ER* 所确定的平面内取直线，其中图 3-34（a）为在平面内取两点 *M*(*m*,*m*′) 和 *N*(*n*,*n*′)，直线 *MN* 必在该平面内。图 3-33（b）为过 *M*(*m*,*m*′) 作直线 *MK*//*ER*，则直线 *MK* 必在该平面内。在平面内取点，要先在平面内取直线，而取直线又离不开点，二者联系紧密，但其基础在于平面内取已知点。

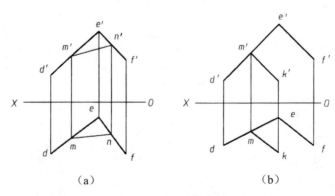

（a）　　　　　　　　　　　　　（b）

图 3-34　平面内取直线

例　在 △*ABC* 所确定的平面内取一点 *K*，已知其正面投影 *k*′，求水平投影 *k*（图 3-35）。

解 根据点在平面内的条件，过点 K 在△ABC 内作一直线 AK 交 BC 于 D，连接 $a'k'$延长交 $b'c'$于 d'，由 $a'd'$得 ad，因直线 AD 过点 K，所以 k'在 $a'd'$上，k 必在 ad 上，于是由 k 在 ad 上求得 k。

所以，综上所述，在平面上取点，必须先在平面内取包含这一点的一已知直线，然后再在此直线上取点；欲在平面内取直线，必须先在平面内取两已知点或一已知点及一已知直线。

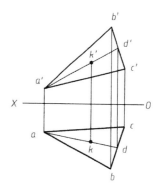

图 3-35　平面内点的求解

2. 平面内的特殊位置直线

（1）投影面平行线。

平面内平行于投影面的直线称为平面内的投影面平行线，简称面内平行线。由于平面内直线可分别平行于 H、V、W 面，因此，面内平行线可分为水平线（∥H）、正平线（∥V）和侧平线（∥W）三种。它们的作图依据是直线既要符合投影面平行线的投影特性，又必须满足直线在平面内的几何条件。

图 3-36（a）中，△ABC 为给定平面，AM 为该平面内的正平线。根据正平线的投影特性，am∥OX轴，$a'm' = AM$（实长）。

在同一平面内可作出无数条水平线且互相平行。但过平面上某一点，或距某一投影面距离为定值的投影面平行线，在该平面上只能做出一条。在图 3-36（a）中，所作为过△ABC 上 A 点的一条正平线 AM，在图 3-36（b）中所作为在△ABC 上距离 H 面为 D 的一条水平线 MN。平面内的平行线常被用作解题的辅助线。

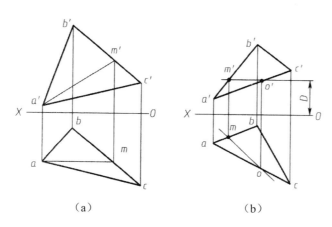

（a）　　　　　　　　　　　（b）

图 3-36　平面内取特殊位置直线

（2）最大坡度线。

平面内垂直于面内平行线的直线，称为平面内的一条对相应投影面的最大坡度线。平面内对相应投影面的最大坡度线有无数条，但如果过平面内一点所作出的对相应投影面的最大坡度线就只有一条了。最大坡度线可分为以下三种：

平面内对 H 面的最大坡度线——垂直于面内水平线。

平面内对 V 面的最大坡度线——垂直于面内正平线。

平面内对 W 面的最大坡度线——垂直于面内侧平线。

从几何意义上讲，最大坡度线是平面内对某投影面倾角最大的直线，它对该投影面的倾角代表了平面对投影面的倾角。

如图 3-37 所示，AB 为平面 P 对 H 面的最大坡度线（$AB /\!/ PH$），其倾角为 α，设过 A 点作任一面内直线 AC，其倾角为 α_1。因为 $\sin\alpha = Aa/AA$，$\sin\alpha_1 = Aa/AC$，且在直角三角形中，$AC>AB$，所以 $\alpha>\alpha_1$，即 AB 对 H 面的倾角最大。

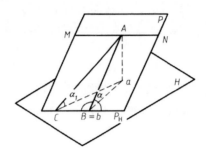

图 3-37　最大坡度线

又因为 $AB \perp PH$，$ab \perp PH$（直角原理），$\angle\alpha$ 符合二面角定义，所以直线 AB 对 H 面的倾角 α 代表了平面 P 对平面的倾角 α。

从物理意义上讲，在坡面上，小球或雨滴必沿对 H 面的最大坡度线方向滚落。

由直角原理，最大坡度线的投影特性是：平面内对 H 面的最大坡度线，其水平投影垂直于面内水平线的水平投影，其倾角 α 代表了平面对 H 面的倾角 α。平面内对 V 面的最大坡度线，其正面投影垂直于面内正平线的正面投影，其倾角 β 代表了平面对 V 面的倾角 β。平面内对 W 面的最大坡度线，其侧面投影垂直于面内测平线的侧面投影，其倾角 γ 代表了平面对 W 面的倾角 γ。

例　已知平面由 $\triangle ABC$ 给定，试过 B 点作平面对 H 面的最大坡度线，并求平面的 α 角（图 3-38）。

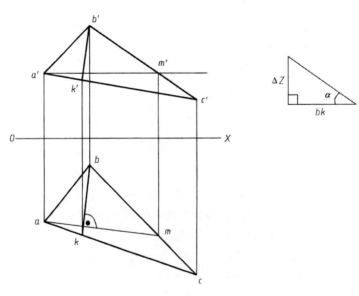

图 3-38　最大坡度线的作图

因为 H 面上的最大坡度线垂直于平面上的水平线，所以先在平面上任作一水平线 $AM(am,a'm')$（过 A 点作图简便）。根据直角原理，过 b 点作直线 $bk\perp am$ 交 ac 于 k，bk 即为所求最大坡度线 BK 的水平投影；其正面投影 $b'k'$ 可依据直线 BK 在 $\triangle ABC$ 平面上的条件画出。按直角三角形法可求得 BK 的倾角 α，即位平面对 H 面的倾角。

3.6　直线与平面、平面与平面的相对位置

直线与平面、平面与平面的相对位置包括：直线与平面平行；两平面平行；直线与平面相交；两平面相交；直线与平面垂直；两平面垂直。本章着重讨论在投影图上如何绘制和判别它们之间平行、相交和垂直的问题。

3.6.1　直线与平面平行、两平面平行

1. 直线与平面平行

如果空间一直线与平面上任一直线平行，那么此直线与该平面平行。如图 3-39 所示，直线 AB 平行于平面 P 上的直线 CD，那么直线 AB 与平面 P 平行；反之，如果直线 AB 与平面 P 平行，则在平面 P 上必可以找到与直线 AB 平行的直线 CD。

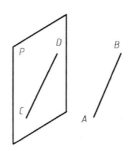

图 3-39　直线与平面平行的条件

上述原理是解决直线与平面平行问题的依据。

例　如图 3-40（a）所示，过点 C 作平面平行于已知直线 AB。

如图 3-40（b）所示，过点 C 作 $CD /\!/ AB$（即作 $cd /\!/ ab$，$c'd' /\!/ a'b'$），再过点 C 作任意直线 CE，则相交两直线 CD 和 CE 所决定的平面即为所求。

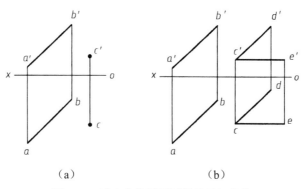

（a）　　　　　　　　（b）

图 3-40　过定点作平面平行于已知直线

显然，由于直线 *CE* 可以任意作出，所以此题可以作无数个平面平行于已知直线。

2. 平面与平面平行

如果平面上的两条相交直线分别与另一平面上相交的两直线平行，那么该两平面互相平行，如图 3-41 所示。

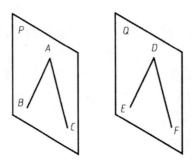

图 3-41　两平面平行的几何条件

例　判别△*ABC* 与△*DEF* 是否平行？（图 3-42）

解　首先在其中一个平面内作出一对相交直线，然后在另一平面内，视其能否作出与之对应平行的一对相交直线。为此可在△*DEF* 内过点 *E* 作两条直线 *EM* 和 *EN*，使 *e'm'*∥*b'c'*，*e'n'*∥*a'b'*，然后作出直线 *em* 和 *en*，因为 *em*∥*bc*，*en*∥*ab*，所以△*ABC*∥△*DEF*。

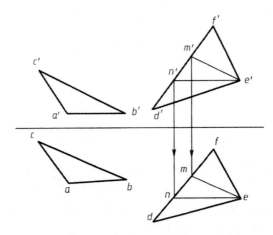

图 3-42　判别两平面是否平行

3.6.2　直线与平面相交、平面与平面相交

1. 直线与平面相交

直线与平面相交，其交点是直线和平面的共有点，它既在直线上又在平面上。当直线或平面与某一投影面垂直时，则可利用其投影的积聚性，在投影图上直接求得交点。

例　如图 3-43（a）所示，求直线 *AB* 与铅垂面 *CDE* 的交点。

解　△*CDE* 的水平投影 *cde* 积聚为一条直线，交点 *K* 是平面和直线的共有点，其水平投影既在平面 *cde* 上，又在直线 *AB* 的水平投影 *ab* 上，所以 *cde* 和 *ab* 的交点 *k* 即为交点 *K* 的水平投影。再由 *k* 在 *a'b'* 上求得 *k'*，则点 *K*(*k*,*k'*)即为所求，如图 3-43（b）所示。

判别可见性：由于平面在交点处把直线分为两部分，以交点为界，直线的一部分为可见，另一部分被平面遮盖为不可见。为图形清晰起见，规定不可见部分用虚线表示。交点为可见与不可见的分界点。可见性是利用重影点来判别的，图3-43（b）中，正面投影 $a'b'$ 与 $c'e'$ 的交点为两点的重影点，此重影点分别为直线 AB 上的点 I 和直线 CE 上的点 II 的正面投影，从水平投影 y 坐标值看，$y_1 > y_3$，即在重影点处直线 AB 以交点 K 为界，右段在前，左段在后，所以正面投影以 k' 为界，$k'b'$ 为可见，$k'a'$ 被三角形遮盖部分为不可见，用虚线表示。判断某个投影的可见性时，可在该投影图上任取一个重影点进行判别。

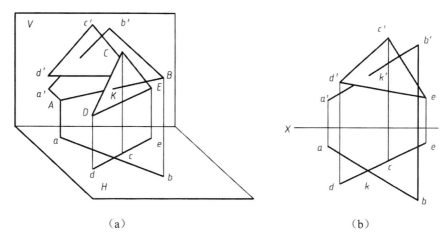

（a）   （b）

图3-43　直线与特殊位置平面相交

2. 平面与平面相交

空间两平面若不平行就必定相交。相交两平面的交线是一条直线，该交线为两平面的共有线，交线上的每个点都是两平面的共有点。当求作交线时，只要求出两个共有点即可。

例　求△ABC 与铅垂面 $DEFG$ 的交线（图3-44）。

解　因为铅垂面 $DEFG$ 的水平投影 $defg$ 有积聚性，按交线的性质，铅垂面与平面 ABC 的交线的水平投影必在 $defg$ 上，同时又应在平面 ABC 的水平投影上，因而可确定交线 KL 的水平投影 kl，进而求得 $k'l'$，如图3-44（b）所示。

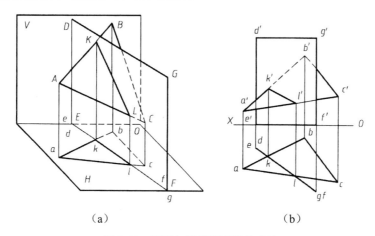

（a）   （b）

图3-44　平面与铅垂面交线的求法

3.6.3　直线与平面垂直、平面与平面垂直

1.　直线与平面垂直

由初等几何可知，如一直线垂直于一平面，则此直线必垂直于该平面内的一切直线，其中包括平面内的水平线和正平线。图 3-45 中，直线 *AB* 垂直于平面 *P*，则必垂直于平面 *P* 内的一切直线，其中包括水平线 *CD* 和正平线 *EF*。根据直角投影定理，在投影图上，必是直线 *AB* 的水平投影垂直于水平线 *CD* 的水平投影（*ab*⊥*cd*），直线 *AB* 的正面投影垂直于直线 *EF* 的正面投影（*a'b'*⊥*e'f'*）。反之，在投影图上，若直线的水平投影垂直于平面内水平线的水平投影，直线的正面投影垂直于平面内的正平线的正面投影，则直线必垂直于该平面。如图 3-46 所示，相交的水平线 *CD* 和正平线 *EF* 给定一平面，令直线 *AB* 垂直于该平面，则水平投影 *ab*⊥*cd*，正面投影 *a'b'*⊥*e'f'*。

图 3-45　直线与平面垂直

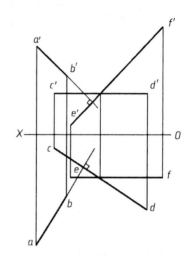

图 3-46　作直线与平面垂直的方法

例　试过定点 *K* 作平面（△*ABC*）的垂线 *LK*（图 3-47）。

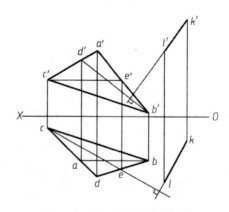

图 3-47　过定点作平面的垂线

解　只要能知道垂线两投影的方向就可以。为此，作平面内任意正平线 *BD*，和水平线 *CE*，过 *k'* 作 *b'd'* 的垂线 *k'l'*，便是所求垂线的水平投影。应用直线垂直于平面的条件，可解决

定点到平面的距离问题。

2. 两平面相互垂直

根据初等几何定理，如果一直线垂直于一平面，则过此直线的所有平面都垂直于该平面。反之，如果两平面相互垂直，则由第一平面内的任意一点向第二平面作垂线，该垂线一定在第一平面内。

图 3-48 中的直线 KL 垂直于平面 P，则通过直线 KL 的平面 N、S、R、等都与该平面垂直。

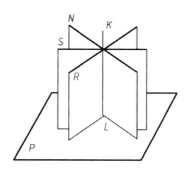

图 3-48　两平面垂直的条件

例　过直线 DE 作一平面与 $\triangle ABC$ 垂直。

解　根据上述定理，只要过直线 DE 上的任意点作垂直于 $\triangle ABC$ 的直线，则此直线与已知直线所组成的平面即为所求，如图 3-49 所示。

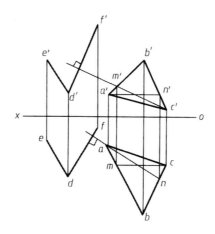

图 3-49　过直线作平面与已知平面垂直

在 $\triangle ABC$ 内作水平线 AN 及正平线 CM，过直线 DE 上的 D 点作 $\triangle ABC$ 的垂线 DF（即 $d'f'$ $\perp c'm'$，$df \perp an$），则由相交两直线 DE 和 EF 所组成的平面即为所求。

第4章　投影变换

从以上几章的学习中我们可以看到，在图解几何元素的定位、度量问题时，若几何元素处于特殊位置，图解则更为明了、简捷。为此，将一般位置几何元素变换为特殊位置，以求简化解题，这就需要用到投影变换。

4.1　投影变换的目的及其种类

只有空间几何要素在多面正投影体系中对某一投影面处于特殊位置时，它们的投影才能直接反映实长、实形等特性，从而便于求解几何元素实长、实形、距离、夹角、交点、交线等问题，如表 4-1 所示。

表 4-1　空间几何要素对投影面处于特殊位置时的度量问题

实长（形）问题		距离问题		
线段实长	平面的实形	点到直线的距离	两直线间的距离	点到平面的距离
距离问题		角度问题		
直线到平面的距离	两平面之间的距离	两直线的夹角	直线与平面的夹角	两平面之间的夹角

当要解决一般几何元素的度量或定位问题时，可设法把它们与投影面的相对位置由一般位置改变为特殊位置，使空间问题的解决得到简化。

改变空间几何元素对投影面相对位置或改变投影方向的方法，称为投影变换。

进行投影变换的方法有多种，本章只简要介绍换面方法：

（1）换面法：空间几何要素的位置不动，用新的投影面来代替旧的投影面，使空间几何要素相对新投影面变成特殊位置，然后用其新投影解题。

（2）旋转法：是指原投影面不动，使空间几何要素绕某一轴旋转到另一位置，然后解题。本章内容中不介绍此方法。

4.2 换面法

4.2.1 新投影面的设置条件

换面法是空间几何元素不动，设置一个新的投影面替换原投影体系中的某一投影面，组成一个新的投影体系，使相应的几何元素在该投影体系中处于特殊位置，达到简化解题的目的，这种方法称为变换投影面法，简称换面法。如图 4-1 所示，$\triangle ABC$ 在原投影面体系中是铅垂面，其两个投影均不反映实形。现设置一个新投影面 V_1，使 V_1 面垂直于 H 面并与 $\triangle ABC$ 平行，于是组成了一个新投影面体系 V_1/H，V_1 面与 H 面的交线 O_1X_1 为新投影轴。在这个新投影体系中，$\triangle ABC$ 是 V_1 面的平行面，所以它在 V_1 面上的投影反映实形。

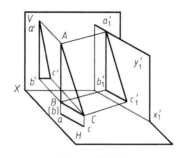

图 4-1 换面法

在换面法中，新投影面的设置必须满足以下两个条件：

（1）新投影面必须垂直于原投影体系中的某一投影面。

（2）新投影面必须使几何元素（直线或平面）处于便于解题的位置。

4.2.2 点的投影变换规律

点是最基本的几何形体要素。首先须了解点的投影变换规律。

（1）点的一次换面　如图 4-2（a）所示，A 点在原投影体系 V/H 中的投影为 a、a'。现设置一个新投影面 V_1 替换 V 面，建立新的投影体系 V_1/H，则 A 点在 V_1/H 体系中的投影为 a、a_1'。使 V_1 面绕新投影轴 O_1X_1 旋转与 H 面重合，就得到 A 点在 V_1/H 体系中的两面投影图，如图 4-2（b）所示。从图中可以看出，新投影 a_1' 与不变投影面 H 面上的投影 a 的连线垂直于新投影轴，a_1' 到 X_1 轴的距离等于 a' 到 X 轴的距离。由此可得换面法中投影变换规律如下：

1）新投影与不变投影之间的连线垂直于投影轴。

2）新投影到新轴的距离等于被替换投影到旧轴的距离。

根据上述规律，点的一次换面作图步骤如下：

①确定要变换的投影面，如变换 V 面，作新轴 X_1，X_1 轴的位置可根椐作图需要而定；

②过 a 点作新轴 X_1 的垂线；

③在垂线上截取 $a_1'aX_1=a'aX$，即得 A 点在 V_1 面上的新投影 a_1'。

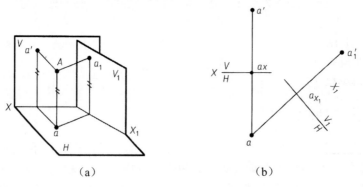

图 4-2　点的一次换面（变换 V 面）

若变换 H 面，作图步骤与上述相似，如图 4-3 所示。

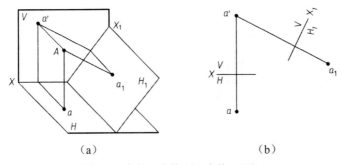

图 4-3　点的一次换面（变换 H 面）

（2）点的二次换面　在解题中，有时一次换面还不能解决问题，而需要连续两次换面（图 4-4）。二次换面是在一次换面的基础上进行换面，其原理和作图方法与一次换面相同。但要注意二次换面中，先换哪一个面应视解题需要而定，然后按顺序进行换面，如 $V/H{\rightarrow}V_1H{\rightarrow}V_1H_2$ 或 $V/H{\rightarrow}V/H_1{\rightarrow}V_2/H_1$。

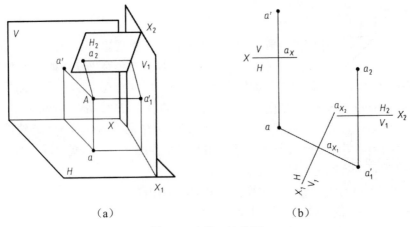

图 4-4　点的二次换面

4.2.3　直线的换面

1. 将一般位置直线变换成投影面平行线

如图 4-5 所示，AB 为一般位置直线。现设置 V_1 面平行于 AB 且垂直于 H 面，建立新的投影面体系 V_1/H，则 AB 变换成 V_1 面的平行线。AB 在 V_1 面的投影 $a_1'b_1'$ 将反映 AB 的实长，$a_1'b_1'$ 与投影轴 X_1 的夹角反映直线 AB 对 H 面的倾角 α。作图步骤如下：

（1）作新投影轴 $X_1 // ab$。

（2）分别由 a、b 两点作 X_1 轴的垂直线，与 X_1 轴交于 aX_1、bX_1，然后在垂线上量取 $a_1'aX_1 = a'aX$、$b_1'bX_1 = b'bX$，得到新投影 a_1'、b_1'。

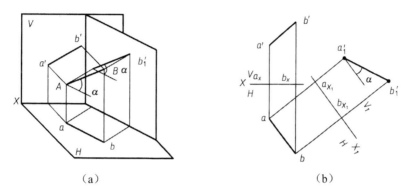

图 4-5　将一般位置直线变换成投影面平行线（变换 V 面）

（3）a_1'、b_1' 相连得到投影 $a_1'b_1'$，它反映 AB 的实长，与 X_1 轴的夹角反映 AB 对 H 面的倾角 α。

若求 AB 对 V 面的倾角 β，则要设置新投影面 H_1 平行于 AB，作图时取 X_1 轴平行于 $a'b'$，如图 4-6 所示。

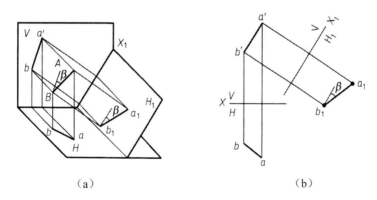

图 4-6　将一般位置直线变换成投影面平行线（变换 H 面）

2. 将投影面平行线变换成投影面垂直线

如图 4-7 所示，AB 为一水平线，现设置 $V_1 \perp AB$，建立新体系 V_1/H，则 AB 为 V_1 面的垂直线。AB 在 V_1 面上的投影积聚成一点。作图步骤如下：

（1）作新投影轴 $X_1 \perp AB$。

（2）过 a 或 b 点作 X_1 轴的垂直线。

（3）作出 AB 在 $V1$ 面上的投影 $a_1/$（$b_1/$）。

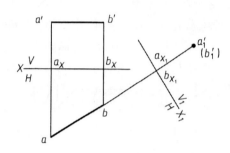

图 4-7　将投影面平行线变换成投影面垂直线

3. 将一般位置直线变换成投影面垂直线

将一般位置直线变换成投影面垂直线，必须经过二次换面：第一次将一般位置直线变换成投影面平行线；第二次再将投影面平行线变换成投影面垂直线（图 4-8）。作图步骤如下：

（1）作新投影轴 X_1∥ab，求得 AB 在 V_1/H 体系中的新投影 a_1b_1'。

（2）再作一新投影轴 $X_2⊥a_1'b_1'$，求得 AB 在 V_1/H_2 体系中的新投影 a_2（b_2）。

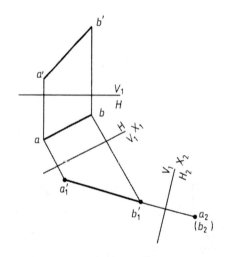

图 4-8　将一般位置直线变换成投影面垂直线

4.2.4　平面的换面

1. 将一般位置平面变换成投影面垂直面

将一般位置平面变换成投影面垂直面，即使该一般位置平面垂直于新投影面。在一般位置平面上只要作一条直线垂直于新投影面，则该平面即垂直于新投影面。为了简化作图，可在一般位置平面上任取一条投影面平行线，作其垂直面即为新投影面，则该平面即为新投影面的垂直面（图 4-9）。作图步骤如下：

（1）在 V/H 体系中，作△ABC 上水平线 AD 的两面投影 ad、$a'd'$。

（2）作 $X_1⊥ad$，求得△ABC 的积聚投影 $a_1b_1c_1'$。

（a）立体图

（b）投影图（换 V 面）　　　　　　（c）投影图（换 H 面）

图 4-9　将一般位置平面变换成投影面垂直面

2.　将投影面垂直面变换成投影面平行面

如图 4-10 所示，△ABC 为铅垂面，将其变换成投影面平行面，只需一次换面，即变换 V 面，使 V 面平行于△ABC。作图步骤如下：

（1）作新投影轴 X_1 平行于△ABC 的积聚投影 abc。

（2）按点的投影变换规律作图，求出 a_1'、b_1'、c_1'，则△$a_1'b_1'c_1'$ 反映△ABC 实形。

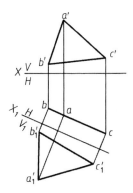

图 4-10　将投影面垂直面变换成投影面平行面

3. 将一般位置平面变换成投影面平行面

将一般位置平面变换成投影面平行面，必须经过两次换面。第一次将一般位置平面变成投影面垂直面；第二次将投影面垂直面变换成投影面平行面。如图 4-11 所示，先将△ABC 变换成 H_1 面的垂直面，再变换成 V_2 面的平行面。作图步骤如下：

（1）在△ABC 上作正平线 AD，设置新投影面 $H_1 \perp AD$，即作 $X_1 \perp a'd'$，然后作出△ABC 在 H_1 面上的积聚投影 $a_1b_1c_1$。

（2）作新投影面 V_2 平行于△ABC，即作 $X_2 /\!/ a_1b_1c_1$，然后作出△ABC 在 V_2 面上的新投影 $\triangle a_2'b_2'c_2'$，即反映△ABC 实形。

图 4-11　将一般位置平面变换成投影面平行面

以上直线和平面的换面作图可综合为两个基本问题：

（1）把已知投影变换为平行投影（可得到实长、实形或垂直关系，或为下步作图的基础）。

（2）把已知投影变换为积聚性投影（可得夹角、距离、垂直关系，或为下步作图的基础）。

4.2.5　换面法应用举例

在应用换面法解题时，首先要分析空间已知元素和未知元素的相互关系；再分析空间几何元素与投影面处于何种相对位置时，解题最为便捷；然后根据题目要求再分析需要换几次面以及先换哪个投影面。只有在对解题的思路和步骤十分明确的情况下，才可应用上述基本作图方法进行解题。

例　试过点 A 作直线 AK 与已知直线 EF 正交，如图 4-12 所示。

解　空间分析：由直角投影定理可知：当直线 EF 平行于某一投影面时，则在该投影面上的投影反映正交。所以，只需变换一次投影面即可将直线 EF 由一般位置的直线变成投影面的平行线。本题可将直线 EF 变成 V_1 面的正平线或 H_1 面的水平线，均可解题。

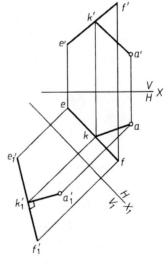

图 4-12　点 A 作直线 AK 与直线 EF 正交

作图过程如图 4-12 所示：

（1）将直线 EF 变为 V_1 面的平行线。

①作新轴 $X_1 /\!/ ef$，按点的投影变换规律，求出 e_1' 和 f_1'。

②点 A 随同直线 EF 一起变换得 a_1'。

（2）根据直角投影定理，过 a_1' 向 $e_1'f_1'$ 作垂线，与 $e_1'f_1'$ 交于 k_1'，$a_1'k_1'$ 即为两线正交后的交点 K 在 V_1 面上的投影。

（3）由 k_1' 返回 V/H 体系中求出 k、k'，连接 ak、$a'k'$ 即为所求直线 AK 的投影。

例　试求点 S 到平行四边形 $ABCD$ 的距离，如图 4-13 所示。

解　空间分析：如图 4-13（a）所示，当平面变成投影面垂直面时，平面在该投影面上的投影积聚为一直线，点到平面的距离即为自点向该平面所作的垂线的长度。此垂线必平行于该投影面，反映点到平面的真实距离。一般位置平面变成投影面垂直面，只需一次变换。

（a）立体图　　　　　　　　（b）投影图

图 4-13　求点到平面的距离

作图过程如图 4-13（b）所示：

（1）平行四边形 $ABCD$ 变为投影面 V_1 的垂直面，点 S 随同一起变换。从图中可知：平面 $ABCD$ 中的 AD、BC 边为水平线，所以可作新轴 $X_1 \perp ad$，按点的换面投影规律，求出 a_1'、b_1'、c_1'、d_1' 和 s_1'。

（2）过 s_1' 作平面 a_1'、b_1'、c_1'、d_1' 的垂线，得垂足点 k_1'，$s_1'k_1'$ 即为点 S 到平面 $ABCD$ 的距离。返回投影作出 sk 和 $s'k'$。

例　求作交叉两直线 AB、CD 的公垂线，如图 4-14（a）所示。

解　空间分析：　在求解中若使交叉两直线之一变换成新投影面的垂直线，则公垂线必平行于该投影面，并反映实长。图中把直线 AB 变为投影面垂直线，则 CD 与 AB 间的公垂线 EF 必平行于该投影面，并反映实长。公垂线 $EF \perp CD$，则在 V_2 面上的投影反映直角。因为 AB 是一般位置的直线，故需经二次变换求解。

作图过程如图 4-14（b）所示：

（1）作 $X_1 /\!/ a'b'$，在新投影面 H_1 上求出 a_1b_1 和 c_1d_1。

（2）作 $X_2 \perp a_1b_1$，在新投影面 V_2 上求出 $a_2'b_2'$ 和 $c_2'd_2'$。

（3）自 a_2'（b_2'）作 $c_2'd_2'$ 的垂线 $e_2'f_2'$，则 $e_2'f_2' /\!/ V_2$，$e_2'f_2'$ 即为所求公垂线的实长。

（4）因为 $EF /\!/ V_2$，所以 $e_1f_1 /\!/ V_2$。由 e_2'、f_2' 返回投影求出公垂线 EF 的 H 面、V 面和 H_1 面的投影 ef、$e'f'$ 和 e_1f_1，则确定了公垂线的位置。

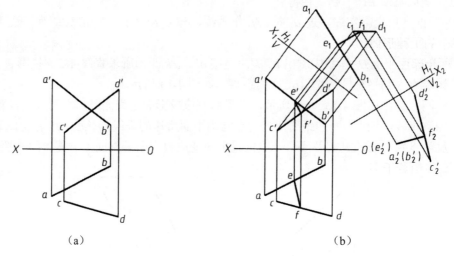

（a）　　　　　　　　　（b）

图 4-14　求作交叉两直线间的距离

第5章 平面立体的投影

再复杂的工程形体都是由基本立体组合而成的。立体可分为平面立体和曲面立体两类。若立体表面全部由平面围成，则称为平面立体。若立体表面由曲面和平面或全部由曲面围成，则称为曲面立体。

5.1 平面立体的投影

平面立体由若干多边形围成，因此，绘制平面立体的投影，可归结为绘制它的所有多边形表面的投影，也就是绘制这些多边形的边和顶点的投影。多边形的边是平面立体的轮廓线，分别是平面立体的每两个多边形表面的交线。当轮廓线的投影为可见时，画粗实线；不可见时，画虚线；当粗实线与虚线重合时，应画粗实线。

工程上常用的平面立体是棱柱和棱锥（包括棱台）。

5.1.1 棱柱的投影

棱柱通常有三棱柱、四棱柱、五棱柱、六棱柱等。棱柱的特点是组成棱柱的各侧棱相互平行，上、下底面相互平行。现以正六棱柱为例，说明棱柱的投影特点。

如图 5-1（a）所示，正六棱柱是由上、下底面和六个侧棱面所围成。上、下底面为水平面，其水平投影反映实形并重合。正面投影和侧面投影积聚成平行于相应投影轴的直线，六个侧棱面中，前、后两个棱面为正平面，它的正面投影反映实形并重合，水平投影和侧面投影积聚成平行于相应投影轴的直线；其余四个棱面均为铅垂面，其水平投影分别积聚成倾斜直线，正面投影和侧面投影都是缩小的类似形（矩形）。将其上、下底面及六个侧面的投影画出后，即得正六棱柱的三面投影图，如图 5-1（b）所示。

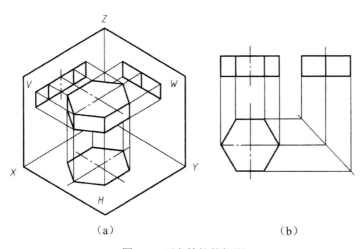

（a） （b）

图 5-1 正六棱柱的投影

作图过程如图 5-2 所示：

（1）画中心线、对称线，确定图形位置，如图 5-2（a）所示。

（2）画出上、下底的水平投影、正面投影、侧面投影，如图 5-2（b）所示。

（3）将上、下底面对应顶点的同面投影连接起来，即得棱线的投影，如图 5-2（c）所示。

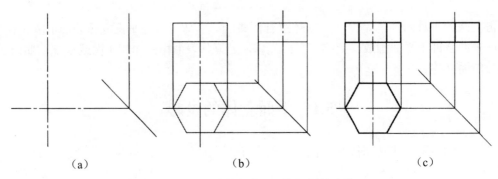

（a）　　　　　　　　　　　（b）　　　　　　　　　　　（c）

图 5-2　画正六棱柱的三面投影图的步骤

5.1.2　棱锥的投影

棱锥通常也有三棱锥、四棱锥、五棱锥、六棱锥等。棱锥是由一个底面和几个侧面围成的。棱锥侧面彼此相交的交线，称为棱线；棱线交汇为一点，此点称为锥顶。如图 5-3（a）所示的四棱锥，ABCD 为底面，SA、SB、SC、SD 为棱线，S 为锥顶。现以四棱锥为例，说明棱锥的投影特点。

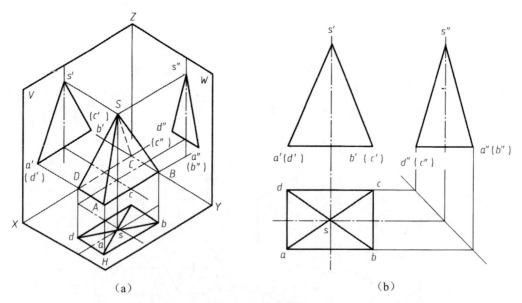

（a）　　　　　　　　　　　　　　　（b）

图 5-3　四棱锥投影

四棱锥的底面 ABCD 为水平面，其水平投影反映实形，正面投影和侧面投影积聚成平行相应投影轴的直线。左、右两个棱锥面 SAD 和 SBC 是正垂面，所以它的正面投影积聚为两段直线，水平投影 sad 和 sbc 为缩小且大小相等的类似形，侧面投影 s"a"d" 和 s"b"c" 为缩小的大小相等且投影重合的类似形。前、后两个棱锥面 *SAB* 和 *SCD* 是侧垂面，其侧面投影积聚为两段直线，水平投影 *sab* 和 *scd* 为缩小的类似形，正面投影 *s'a'b'* 和 *s'c'd'* 为缩小的类似形且投影重合，如图 5-3（b）所示。

四棱锥投影的作图步骤如图 5-4 所示：

（1）画中心线、对称线，确定图形位置，如图 5-4（a）所示。

（2）画四棱锥底面 *ABCD* 的水平投影、正面投影、侧面投影，如图 5-4（b）所示。

（3）画顶点 *S* 的三面投影，如图 5-4（c）所示。

（4）连接锥顶 *S* 与锥底 *ABCD* 的各同名投影，即完成全图，如图 5-4（d）所示。

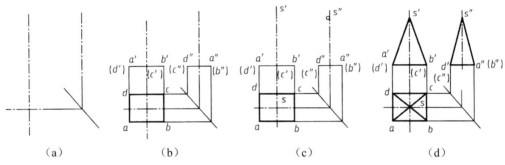

图 5-4   四棱锥的作图步骤

5.2   平面立体表面上的点和直线

平面立体表面取点和取直线的方法，与前面所述在平面内取点和取直线的方法相同。下面举例说明在平面立体表面取点、取直线的作图方法。

图 5-5（a）、（b）表示由已知正五棱柱棱面上点 *M* 和点 *N* 的正面投影 *m'* 和（*n'*），求作水平投影和侧面投影的作图过程。

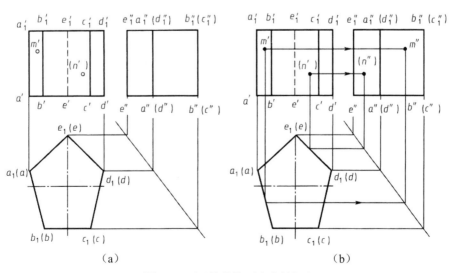

图 5-5   正五棱柱棱面上点的投影

由于点 M 的正面投影 m' 为可见，所以点 M 在铅垂面 AA_1B_1B 上。而点 N 的正面投影 n' 为不可见，则点 N 在 D_1DEE_1 上。利用铅垂面水平投影的积聚性，先求出点 M 和点 N 的水平投影 m、n，再求出其侧面投影 m''、(n'')。

图 5-6 表示求正三棱锥的侧面投影，及点 P 和点 M 的水平投影和侧面投影的作图过程。从图 5-6（a）中可知，正三棱锥的底面 ABC 为水平面，棱面 SAB 和 SAC 为一般位置平面，SBC 为正垂面。在补画正三棱锥的侧面投影时，首先画出底面 ABC 的侧面投影 $a''b''c''$，然后画出锥顶 S 的侧面投影 s''，s'' 与 $a''b''c''$ 分别连线，即为所求，如图 5-6（a）所示。

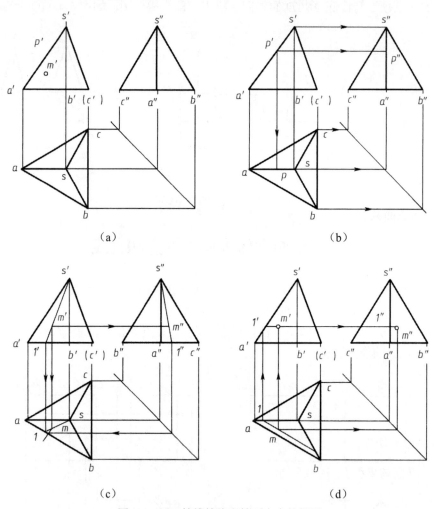

（a）　　　　　　　　　　　　　　　　（b）

（c）　　　　　　　　　　　　　　　　（d）

图 5-6　正三棱锥棱线和棱面上点的投影

点 P 是正三棱锥棱线 SA 上的点，利用点在线上的投影特性，即可求出 P 的水平投影 p 和侧面投影 p''，如图 5-6（b）所示。

从图 5-6（a）可知：m' 为可见，所以 M 点在棱面 SAB 上。点 M 的其余两投影可利用面上取点法求之，具体作图步骤详见图 5-6（c）、（d）。

5.3 平面立体的截切

5.3.1 概述

立体的截切即平面与立体相交。截切立体的平面称为截平面，截平面与立体表面的交线称为截交线，由截交线围成的图形称截断面，如图 5-7 所示。

虽然不同立体与不同位置平面相交产生不同的截交线，但均有共同的性质与作图步骤。本节主要介绍截交线的求法。

基本性质：

（1）共有性：截交线既属于平面上的线，又属于体表面上的线。

（2）封闭性：因立体是由它表面围合而成的封闭空间，故截交线为封闭的平面图形。

图 5-7 平面与立体截切

由于截交线既是截平面上的点，又是立体表面上的点的集合，故求作截交线可归纳为求截平面与立体表面共有点。

作图步骤：

（1）形体分析：分析立体的性质及截平面对投影面的位置。

（2）截交线的分析：分析阶段类型及截交线性质。

（3）求截交点：原则上采用以上介绍的线面求交点的基本方法。但当立体表面或截平面为特殊位置时，则可简化为面上取点的作图。

（4）连截交点：

1）平面立体截切时连点的原则是：既在同一截面上，又在同一棱面上的两点才能相连。

2）曲面立体截切时连点的原则是：相临素线上的截交点依次相连。

（5）可见性判别：投影图中，可见面上的线必然可见，不可见面上的线要看截切后是否被遮挡而定。

（6）完成截切立体的投影图：将截切立体轮廓线投影画完整，并判别可见性。

5.3.2 平面与平面立体截切

截交线性质：平面立体的截交线是一封闭的平面折线，即平面多边形。多边形的各边是截平面与立体相应棱面的交线，多边形的顶点是截平面与立体相应棱线的交点。

下面通过对不同平面立体的不同切口形状的分析，了解和掌握其投影图的画法。

例 求作五棱柱被切割后的三面投影。

解 如图 5-8 所示，已知五棱柱的正面投影和水平投影，并用正垂面 P 切割掉左上方的一块，被切割掉的部分用双点划线表示，求作截交线以及五棱柱被切割后的三面投影。

因为截交线的各边是正垂面 P 与五棱柱的棱面和顶面的交线，它们的正面投影都重合在 PV 上，所以截交线的正面投影已知，五棱柱被切割后的正面投影也已知，只要作出截交线的水平投影，就可作出五棱柱被切割后的水平投影。根据五棱柱的正面投影和水平投影，可以作出它的侧面投影；同理，由已作出的截交线的正面投影和水平投影，也可作出截交线的侧面投影，从而作出五棱柱被切割后的侧面投影。从已知的正面投影可以直观地看出，断面的水平投影和侧面投影都是可见的。

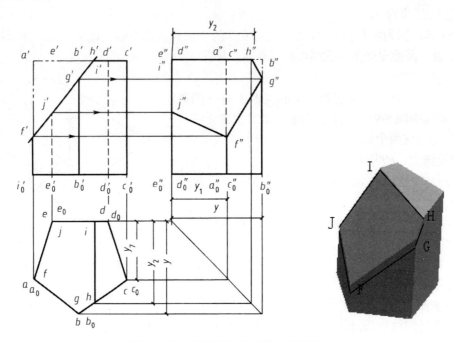

图 5-8　作五棱柱被切割后的三面投影

作图过程如图 5-8 所示：

（1）在五棱柱正面投影右侧的适当位置画表示后棱面的铅垂线，用水平投影中从后棱面向前的距离 y 和 y_1，按侧面投影与水平投影宽相等和前后对应，以及五棱柱顶面、底面的正面投影和侧面投影应分别在同一水平线上的原则，就可由已知的正面投影和水平投影作出完整的五棱柱的侧面投影。

（2）在截交线已知的正面投影上，标注出棱线 AA_0、BB_0、EE_0 与截平面 P 的交点 F、G、J 的正面投影 f'、g'、j'，标注出截平面 P 与顶面的交线 HI（及其端点 H、I）的正面投影 $h'i'$，就表示了截交线五边形 $FGHIJ$ 的正面投影 $f'g'h'i'j'$。

在 aa_0、bb_0、ee_0 上分别标出 f、g、j，由 $h'i'$ 作出 h、i，画出截交线五边形 $FGHIJ$ 的水平投影 $fghij$，也就补全了五棱柱被切割后的水平投影。

由 f'、g'、j' 分别在 $a''a_0''$、$b''b_0''$、$e''e_0''$ 上作出 f''、g''、j''；由于点 I 在顶边侧垂线 ED 上，所以可直接在积聚成一点的 $e''d''$ 上标出 i''；在顶面的侧面投影上，从 i'' 向前量取水平投影中的距离 y_2，就可作出 h''。连 j'' 与 f''、f'' 与 g''、g'' 与 h''，$h''i''$、$i''j''$ 分别积聚在顶面、后棱面的侧面投影上，便画出截交线五边形 $FGHIJ$ 的侧面投影 $f''g''h''i''j''$。因为棱线 AA_0 在点 F 之上的一段已被切割掉，而棱线 CC_0 仍是全部存在的，所以在侧面投影中应将 f'' 以上的粗实线改为虚线，仅表示侧面投影不可见的棱线 CC_0 的上部的一段；同时还应将 h'' 以前和 g'' 以上的五棱柱被切割掉的侧面投影的轮廓线擦去或改为双点划线，也就作出了五棱柱被切割后的侧面投影。

例   求作切口三棱锥的投影。

解   如图 5-9 所示，已知缺口三棱锥的正面投影，补全它的水平投影和侧面投影。

从正面投影中可见：缺口是由一个水平面和一个正垂面切割三棱锥而形成的，左棱线 SA 有一段被切割掉，在正面投影中画成双点划线，而在水平投影和侧面投影中，则由于未经作图确定 SA 被切割掉的一段棱线的投影之前，暂时先将 sa 和 s″a″都画成双点划线。

可以想象：因为水平截平面平行于底面，所以它与前、后棱面的交线 DE、DF 分别平行于底边 AB、AC。正垂截平面分别与前、后棱面相交于直线 GE、GF。由于两个截平面都垂直于正面，所以它们的交线 EF 一定是正垂线。想象的结果如图 5-9（a）右下角的立体图所示。画出这些交线的投影，也就画出了这个缺口的投影。

作图过程如图 5-9（a）所示：

（1）因为这两个截平面都垂直于正面，所以 d′e′、d′f 和 g′e′、g′f 都分别重合在其有积聚性的正面投影上，e′f 则位于其有积聚性的正面投影的交点处。于是在正面投影中标注出这些交线的投影。

（2）由 d′在 sa 上作出 d。由 d 作 de∥ab、df∥ac，再分别由 e′f 在 de、df 上作出 e、f。由 d′e′、de 作出 d″e″，由 d′f、df 作出 d″f″，它们都重合在水平截平面积聚成直线的侧面投影上。

（3）由 g′分别在 sa、s″a″上作出 g、g″，并分别与 e、f 和 e″f″连成 ge、gf 和 g″e″、g″f″。

（4）连接 e 和 f，由于 ef 被三个棱面 SAB、SBC、SCA 的水平投影遮住而不可见，所以画成虚线；e″f″则重合在水平截平面的有积聚性的侧面投影上。

（5）用粗实线加深在棱线 SA 上实际存在的 SG、DA 段的水平投影 sg、da 和 s″g″、d″a″；原来用双点划线表示的 GD 段的三面投影 g′d′、gd、g″d″实际上是不存在的，不应画出。

由此就补全了缺口三棱锥的水平投影和侧面投影。作图结果如图 5-9（b）所示。

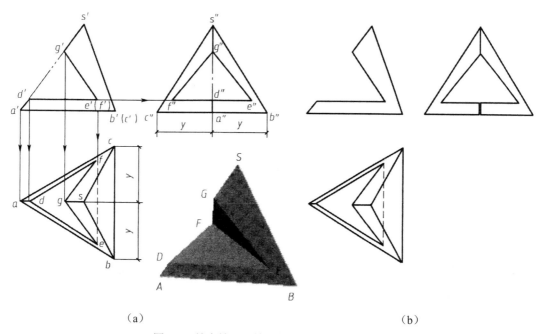

（a）   （b）

图 5-9   补全缺口三棱锥的水平投影和侧面投影

例 画出开槽三棱柱的投影，如图 5-10 所示。

解 三棱柱被两个正垂面左右各切去一部分，然后在底部又挖去一梯型通槽。整个截切后的立体前后、左右对称，如图 5-10（b）所示。

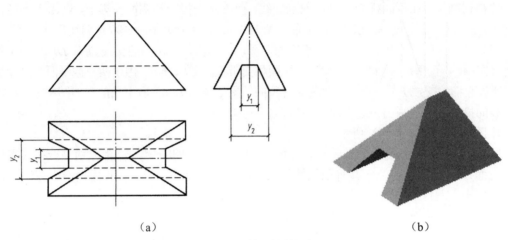

（a）   （b）

图 5-10　求开槽三棱锥的投影

作图过程如图 5-10（a）所示：

（1）先画出完整三棱柱的三面投影。

（2）三棱柱被左右两个正垂面截切后，得到的截交线是两个三角形。截交线的正面投影积聚成直线，侧面投影仍是三角形，没变化，水平投影也是两个三角形。

（3）由于梯形通槽的两个侧面是侧垂面，顶面是水平面，这三个面在侧面的投影都有积聚性，故可先画出开槽的侧面投影，进而画出它的正面投影。再根据槽顶的宽 Y_1、槽开口的宽 Y_2 以及投影关系作出通槽的水平投影。

（4）判断可见性。组成槽的三个面在水平投影中都是不可见的，故要画成虚线。但由于被两个正垂面截切，通槽的进口和出口的水平投影却是可见的。

例 求作穿孔六棱柱的投影。

解 如图 5-11（a）所示，已知一个具有正垂的三棱柱穿孔的正六棱柱的正面投影，补全这个穿孔六棱柱的水平投影、侧面投影。

从已知的正面投影以及未穿孔时六棱柱的水平投影可以看出：这个穿孔六棱柱左右、前后都对称；前孔口是三棱柱孔的三个棱面与六棱柱左前、前、右前棱面的交线，而后孔口则是三棱柱孔的三个棱面与六棱柱左后、后、右后棱面的交线，前后孔口的正面投影互相重合，都积聚在三棱柱孔的三个棱面的正面投影上。想象出的形状如图 5-11（b）所示。

作图过程如图 5-11（a）所示：

（1）在正面投影中标注出前孔口 $ABCDEFGA$ 的投影 $a'b'c'd'e'f'g'a'$ 和后孔口 $A_0B_0C_0D_0E_0F_0G_0A_0$ 的投影 $a_0'b_0'c_0'd_0'e_0'f_0'g_0'a_0'$，它们相互重合。三棱柱孔的三条正垂线 AA_0、CC_0、EE_0 的正面投影即为 $a'a_0'$、$c'c_0'$、$e'e_0'$，它们分别积聚成一点。

（2）由于前孔口在水平投影中积聚在正六棱柱的左前、正前、右前这三个棱面的有积聚性的投影上，后孔口同样也积聚在左后、正后、右后棱面的投影上，所以由前、后孔口的正面投影就可标注出它们的水平投影 $abcdefga$ 和 $a_0b_0c_0d_0e_0f_0g_0a_0$。分别连 a 与 a_0、c 与 c_0、e 与 e_0，

aa_0、cc_0、ee_0 即为三棱柱孔的三条棱线的水平投影，由于它们都被六棱柱的顶面遮住，所以都画成虚线。

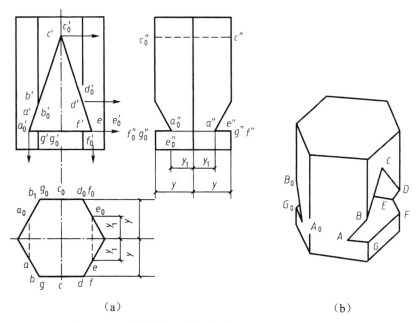

（a）　　　　　　　　　　　　　　　　　（b）

图 5-11　补全穿孔六棱柱的水平投影，作出它的侧面投影

（3）在已知正面投影右侧的适当位置作出六棱柱的侧面投影，六棱柱的左前、右前、左后、右后棱线分别各有一段 BG、DF、B_0G_0、D_0F_0 是不存在的，画图时应断开。由正面投影和水平投影可作出三条棱线的侧面投影 $a''a_0''$、$c''c_0''$、$e''e_0''$，$a''a_0''$ 与 $e''e_0''$ 相互重合，由于这些棱线的侧面投影都不可见，应画虚线。

由此就补全了穿孔六棱柱的水平投影，作出了它的侧面投影。

5.4　两平面立体相交

5.4.1　概述

立体与立体相交称为相贯，立体相贯时形成的表面交线称为相贯线。通常根据相交立体的不同，将立体相交分为两平面立体相交、平面立体与曲面立体相交以及两曲面立体相交三种情况。

5.4.2　两平面立体相交

两平面立体表面相交产生的相贯线，一般是封闭的空间折线。折线的每一段是其中一个立体的某一棱面与另一立体的某一棱面的交线；折线的顶点是一个立体的某一棱线与另一立体侧表面的交点。因此，求两平面立体的相贯线，可采用求两平面交线的方法，最终转化为求平面与直线的交点问题。

如图 5-12 所示，烟囱的四个棱面的水平投影和屋面的侧面投影都有积聚性，烟囱（四棱柱）与屋子（五棱柱）的表面交线（四边形折线）的水平投影和侧面投影分别在各个积聚性投影上。表面交线的正面投影 1′2′3′4′（封闭图形）可利用这些积聚性来求。

图 5-12　两平面立体相交（一）

当只有一面投影有积聚性或三面投影都没有积聚性时，求它们的相贯线就相对麻烦一些了。这时要注意逐点、逐线有条不紊地进行，才能顺利求解（先求点后求线）。例如，求作如图 5-13 所示的房顶透气窗的水平投影，如果没有给出侧面投影，就需要先利用面上取点的方法，找到点 1、2、3 的水平投影，再连线即为所求，如图 5-13 所示。

图 5-13　两平面立体相交（二）

5.5　同坡屋面的交线

如果同一屋面上各个斜坡面的水平倾角 α 都相等，并且周围的屋檐高度相同，则称为同坡屋面（也称为同坡屋顶）。同坡屋面上的交线是平面立体相贯的工程实例，如图 5-14 所示，但它的作图却与前述平面立体相贯的方法有所不同，有自己的特殊性。

同坡屋面的投影图有如下特点：

（1）同坡屋面如前后檐口线平行且等高时，前后坡面必相交成水平的屋脊线。屋脊线的

H面投影必平行于檐口线的H面投影，且与两檐口线等距。

（2）檐口线相交的两相邻坡面，必相交成斜脊线或天沟线。它们的H面投影为两檐口线H面投影夹角的平分线。斜脊位于凸墙角上，天沟位于凹墙角上，如图 5-14 所示。当两檐口线相交成直角时，两坡面的交线（斜脊线或天沟线）在H面上的投影与檐口线的投影成 45°。

（3）在屋面上如果有两斜脊、两天沟、或一斜脊一天沟相交于一点，则必有第三条屋脊线通过该点。这个点就是三个相邻屋面的公有点。

图 5-14　同坡屋面

第6章　曲面立体的投影

6.1　回转体（圆柱、圆锥、圆球）的投影

曲面立体由曲面或曲面和平面所围成。常见的曲面立体有圆柱、圆锥、圆球和圆环及具有环面的回转体，它们通常均称为回转体。

曲面立体的投影就是组成曲面立体的曲面和平面的投影的组合。本节主要介绍曲面立体投影图的画法以及表面取点的方法。

6.1.1　圆柱

圆柱由圆柱面、顶面、底面所围成。圆柱面由一条直母线绕与它相平行的轴线旋转而成。

如图 6-1（a）所示，当轴线为铅垂线时，圆柱面上所有素线都是铅垂线，圆柱面的水平投影积聚成一个圆，圆柱面上的点和线的水平投影都积聚在这个圆上。圆柱的顶面和底面是水平面，它们的水平投影反映真形，即这个圆。用点划线画出对称中心线，对称中心线的交点是轴线的水平投影。

图 6-1　圆柱的投影

圆柱的顶面、底面的正面投影都积聚成直线；圆柱的轴线和素线的正面投影、侧面投影仍是铅垂线，用点划线画出轴线的正面投影和侧面投影。圆柱的正面投影的左右两侧是圆柱面的正面投影的转向轮廓线 $a'a_0'$ 和 $c'c_0'$，它们分别是圆柱面上最左、最右素线 AA_0、CC_0（也就

是正面投影可见的前半圆柱面和不可见的后半圆柱面的分界线）的正面投影；AA_0 和 CC_0 的侧面投影 $a''a_0''$ 和 $c''c_0''$ 则与轴线的侧面投影相重合。圆柱的侧面投影的前后两侧是圆柱面的侧面投影的转向轮廓线 $b''b_0''$ 和 $d''d_0''$，它们分别是圆柱面上最前、最后素线 BB_0 和 DD_0（也就是侧面投影可见的左半圆柱面和不可见的右半圆柱面的分界线）的侧面投影；BB_0 和 DD_0 的正面投影 $b'b_0'$ 和 $d'd_0'$ 则与轴线的正面投影相重合。

　　这个圆柱的三面投影如图 6-1（b）所示。

　　在圆柱表面上取点，可利用圆柱表面投影为圆的积聚性或作辅助素线的方法求得。如图 6-2 所示，已知圆柱面上的点 A 和 B 的正面投影 a'（b'），求作它们的水平投影和侧面投影。作图过程如下：

　　（1）从 a' 可见和（b'）不可见得知，点 A 在前半圆柱面上，而点 B 在后半圆柱面上。

　　（2）于是就可由 a'（b'）引铅垂的投影连线，在圆柱面的有积聚性的水平投影上作出 a 和 b。

　　（3）由 a'（b'）引水平的投影连线，由 a、b 按宽相等和前后对应，可作出 a'' 和 b''。由于点 A 和 B 都在左半圆柱面上，所以 $a''b''$ 都是可见的。

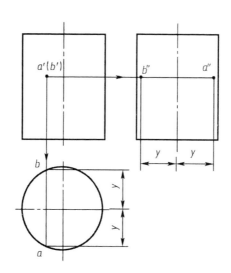

图 6-2　作圆柱面上的点的投影

6.1.2　圆锥

　　圆锥由圆锥面、底面所围成。圆锥面由一条直线绕与其相交的轴线旋转而成，圆锥表面上的一切素线为过锥顶的直线。

　　如图 6-3 所示，当圆锥的轴线为铅垂线时，底面的正面投影、侧面投影分别积聚成直线，水平投影反映它的真形——圆。

　　用点划线画出轴线的正面投影和侧面投影；在水平投影中，用点划线画出对称中心线，对称中心线的交点就是轴线的水平投影，又是锥顶 S 的水平投影 S。

　　圆锥面正面投影的转向轮廓线 $s'a'$、$s'b'$ 是圆锥面最左、最右素线 SA、SB（也就是正面投影可见的前半圆锥面和不可见的后半圆锥面的分界线）的正面投影；SA、SB 的侧面投影 $s''a''$、

$s''b''$ 与轴线的侧面投影相重合。圆锥面侧面投影的转向轮廓线 $s''c''$、$s''d''$ 是圆锥面上最前、最后素线 SC、SD（也就是侧面投影可见的左半圆锥面和不可见的右半圆锥面的分界线）的侧面投影；SC、SD 的正面投影 $s'c'$、$s'd'$ 与轴线的正面投影重合。

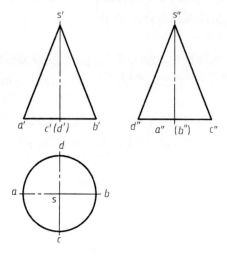

图 6-3 圆锥的投影

在图 6-3 中清楚地表明了锥顶 S 的正面投影 s'、侧面投影 s'' 和水平投影 s。圆锥面的水平投影与底面的水平投影相重合。显然，圆锥面的三个投影都没有积聚性。

如图 6-4 所示，已知圆锥的三面投影以及圆锥面上点 A 的正面投影 a'，求作它的水平投影 a 和侧面投影 a''。由于圆锥面的三个投影都没有积聚性，所以需要在圆锥面上通过点 A 作一条辅助线。为了作图方便，应选取素线或垂直于铅垂轴线的纬圆（水平圆）作为辅助线，下面讲述具体方法。

（a）素线法　　　　　　　　　（b）纬圆法

图 6-4 作圆锥面上的点的投影

方法一（素线法）：先参阅图 6-4（a）中的立体图，连接 S 和 A，延长 SA，交底圆于点 B，因为 a' 可见，所以素线 SB 位于前半圆锥面上，点 B 也在前半底圆上。作图过程如图 6-4（a）投影图所示：

（1）连接 s' 和 a'，延长 $s'a'$，与底圆的正面投影相交于 b'。由 b' 引铅垂的投影连线，在前半底圆的水平投影上交得 b。由 b 按宽相等和前后对应在底圆的侧面投影上作出 b''。分别连接 s 和 b、s'' 和 b''，即得过点 A 的素线 SB 的三面投影 $s'b'$、$s b$ 和 $s''b''$。

（2）由 a' 分别引铅垂的和水平的投影连线，在 sb 上作出 a 和在 $s''b''$ 上作出 a''。由于圆锥面的水平投影可见，所以 a 也可见；又由于点 A 在左半圆锥面上，所以 a'' 亦为可见。

方法二（纬圆法）：先参阅图 6-4（b）的立体图，通过点 A 在圆锥面上作垂直于轴线的水平纬圆，这个圆实际上就是点 A 绕轴线旋转所形成的。作图过程如图 6-4（b）投影图所示：

（1）过 a' 作垂直于轴线的水平纬圆的正面投影，其长度就是这个纬圆的直径的真长，它与轴线的正面投影的交点就是圆心的正面投影，而圆心的水平投影则重合于轴线的有积聚性的水平投影上，与 S 相重合。由此就可作出反映这个圆真形的水平投影（也可如图中所示，利用这个圆在最右素线上的点作出）。

（2）由于 a' 可见，所以点 A 应在前半圆锥面上，于是就可由 a' 引铅垂的投影连线，在水平纬圆的前半圆的水平投影作出 a。由 a' 引水平的投影连线，又由 a 按宽相等和前后对应，即可作出点 A 的侧面投影 a''。可见性的判断在方法一中已阐述，不再重复。

6.1.3　球

球由球面围成。球面由圆绕其直径为轴线旋转而成。

球的三面投影都是直径与球直径相等的圆，它们分别是这个球面的三个投影的转向轮廓线。正面投影的转向轮廓线是球面上平行于正面的大圆（前后半球面的分界线）的正面投影；水平投影的转向轮廓线是球面上平行于水平面的大圆（上下半球面的分界线）的水平投影；侧面投影的转向轮廓线是球面上平行于侧面的大圆（左右半球面的分界线）的侧面投影。在球的三面投影中，应分别用点划线画出对称中心线，对称中心线的交点是球心的投影。

如图 6-5 所示，已知球面上点 A 的正面投影 a'，求作它的水平投影和侧面投影。因为球面的三个投影都没有积聚性，而且球面上不存在直线，但可以在球面上过点 A 作平行于投影面的圆，所以图中过点 A 作球面上的水平圆，这个圆实际上就是点 A 绕球的铅垂轴线旋转所形成的纬圆。

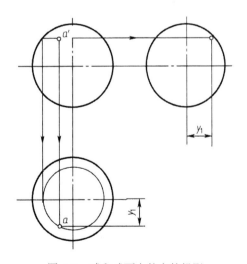

图 6-5　球和球面上的点的投影

作图过程如图 6-5 所示：

（1）过 a' 作球面上的水平圆的正面投影，按在正面投影中所显示的这个圆的直径的真长（或如图中所示，利用这个圆在球面的平行于正面的大圆上的点），作出反映这个圆真形的水平投影。

（2）因为 a′可见，便可由 a′引铅垂的投影连线，在这个圆的前半圆的水平投影上作出 a。

（3）由 a′引水平的投影连线，由 a 按宽相等和前后对应就可作出 a″。因为从 a′可看出点 A 位于上半和左半球面上，所以 a 和 a″都是可见的。

读者可以自作：用同样的作图原理和方法，也可在图中用过点 A 的球面上平行于侧面的圆求作 a″和 a；还可以用过点 A 的球面上平行于正面的圆求作 a 和 a″。

6.2 回转体的截切

由于回转体是由平面与曲面或全部由曲面围成的立体，所以平面截割回转体时产生的截交线既可能是平面与平面的交线——直线段，也可能是平面与曲面的交线——曲线段。平面截割回转体产生的截交线同样具有公有性和封闭性。

截交线是截平面与立体表面的共有线，因此求截交线就是求截平面与立体表面的共有点，再按顺序依次连接各共有点。常用求截交线的方法有积聚性法、辅助平面法。

下面分别介绍圆柱、圆锥、圆球的截交线的求法。

6.2.1 圆柱的截切

平面截割圆柱时，根据截平面与圆柱轴线的相对位置不同，可得到三种不同位置的截交线（表 6-1）。

表 6-1 平面与圆柱相交的截交线

截平面位置	与轴线平行	与轴线垂直	与轴线倾斜
截交线形状	两平行直线	圆	椭圆
轴测图			
投影图			

求圆柱表面的截交线，可利用圆柱轴线垂直于某一投影面时其表面投影的积聚性，用表面取点法直接作图。取点时，先求特殊点，即最高点、最低点、最左点、最右点、最前点、最

后点以及转向轮廓线上的点。再求一般点，特殊点要取全，一般点要适当。

　　例　求正垂面截切圆柱的截交线（见图 6-6）。

　　解　由图 6-6（a）可以看出，由于截平面与圆柱面倾斜且垂直于正面，所以以截交线为一椭圆，椭圆的正面投影积聚为直线，水平投影与圆柱表面的水平投影重合，因此截交线的两个投影为已知，侧面投影可通过取点的方法求出。由于截平面对于侧平面是倾斜位置，截交线的侧面投影一般仍为椭圆，但不反映实形。

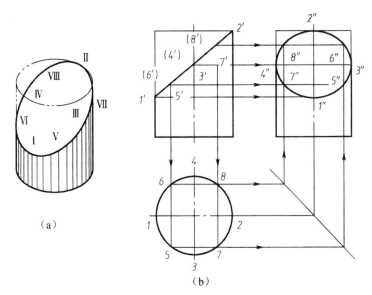

图 6-6　平面与圆柱面轴线斜交时截交线的画法

　　作图过程如图 6-6（b）所示

　　（1）求作特殊点。Ⅰ、Ⅱ两点是位于圆柱正面转向轮廓线上的点，也是截交线上最低、最高点，Ⅲ、Ⅳ两点是位于圆柱侧面转向轮廓线上的点，也是截交线上最前、最后点。由正面投影 1′、2′、3′、(4′) 及水平投影 1、2、3、4，求得侧面投影片 1″、2″、3″、4″。

　　（2）求作一般点。在适当位置取一般点，取Ⅴ、Ⅵ、Ⅶ、Ⅷ为一般点，先从正面投影 5′、(6′)、7′、(8′) 求出其水平投影 5、6、7、8，最后根据正面投影和水平面投影求出侧面投影 5″、6″、7″、8″。

　　（3）依次圆滑连接各点的侧面投影，即为所求。

　　若截平面与圆柱轴线倾斜 45°时，截交线的侧面投影为圆。

　　例　圆筒轴端开凸榫，已知其正面投影，试完成其水平投影和侧面投影（见图 6-7）。

　　解　如图 6-7（a）所示，圆筒被侧平面截切所得的截交线为平行于轴线的直线；被水平面截切所得的截交线为水平圆弧。如交线ⅠⅡ、ⅢⅣ、ⅤⅥ、ⅦⅧ及圆弧ⅧⅡ、ⅥⅣ，直线ⅡⅣ、ⅥⅧ为两截平面的交线，而直线ⅠⅢ、ⅤⅦ是截平面与圆筒上端面的交线。

　　由于被切圆筒左右对称，这里只分析左侧被切部分的投影。

　　作图过程如图 6-7（b）所示：

　　（1）先作出直线和圆弧各端点的正面投影 1′、(3′)、(5′)、(7′) 及 2′、(4′)、(6′)、(8′)，由于交线ⅠⅡ、ⅢⅣ、ⅤⅥ、ⅦⅧ是四条铅垂线，它们的水平面投影积聚成一点，并且位于圆筒内、外圆柱面的水平投影上，因此可求出水平投影 1（2）、3（4）、5（6）、7（8）。根据投影规律求出侧面投影 1″2″、3″4″、5″6″、7″8″。

（a）　　　　　　　　　　　（b）

图 6-7　圆筒开槽的截交线画法

（2）交线Ⅱ Ⅷ和Ⅳ Ⅵ圆弧是平行于水平面的圆弧，其水平面投影（2）（8）、（4）（6）圆弧为圆筒内、外圆柱面水平投影的一部分，侧面投影为直线 2″8″、4″6″，并重合。

（3）连接各点的水平投影和侧面投影。形体右侧被切割部分的正面投影和水平投影与左侧对称，侧面投影与左侧重合。

6.2.2　圆锥的截切

圆锥被不同位置平面截切时，根据截平面与圆锥轴线相对位置不同，可得到五种不同的截交线（表 6-2）。求圆锥的截交线，可用圆锥表面取点法或辅助平面法。

表 6-2　平面与圆锥相交的截交线

截平面位置	过锥顶	垂直于轴线 $\theta=90°$	倾斜于轴线 $\theta>\alpha$	倾斜于轴线 $\theta=\alpha$	平行或倾斜于轴线 $\theta=0°\theta<\alpha$
截交线形状	相交两直线	圆	椭圆	抛物线	双曲线
轴测图					

投影图	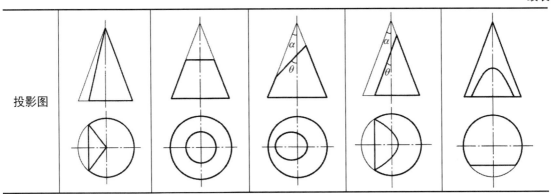

辅助平面法是求截交线的常用方法，其实质是利用三面共点原理，求出交线上的点，连接这些点就得到截交线的投影。下面以截平面与圆锥轴线平行，截交线为双曲线为例，说明辅助平面法的作图方法。

求截交线的投影，实质上是求截交线上点的投影。如图 6-8（a）所示，截交线是截平面 Q 与圆锥表面相交形成的交线，因此这条交线上的点均为平面 Q 与圆锥表面所共有，如果用垂直于圆锥轴线的辅助平面 P 切割圆锥，平面 P 与锥面相交，其交线为圆 R，平面 P 与平面 Q 相交，其交线为直线 MN，圆 P 和直线 MN 的交点Ⅳ、Ⅴ为圆锥表面、截平面 Q 和辅助平面 P 这三面所共有，此两点即为截交线上的点。因此，只要求得一系列这样的点，连接起来就是所求的截交线。

例 直立圆锥被侧平面（不过锥顶）所截，求截交线的侧面投影（见图 6-8）。

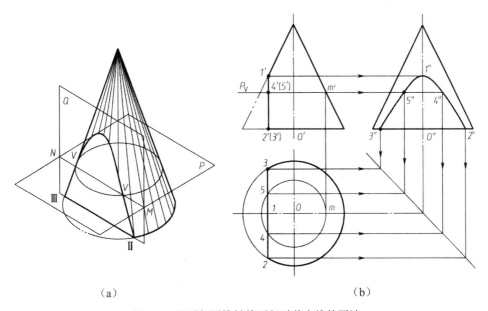

（a）　　　　　　　　　　　　（b）

图 6-8　平面与圆锥轴线平行时截交线的画法

解 截平面为不过锥顶的侧平面时，截交线为双曲线，其正面投影和水平面投影均为直线，侧面投影反映实形。

作图过程如图 6-8（b）所示：

（1）求作特殊点。点Ⅰ为双曲线的最高点，在圆锥最左素线上，由 1'求得 1 和 1"。点Ⅱ、Ⅲ为截交线的最低点，在圆锥底圆上，由 2'、（3'）和 2、3 求得 2"、3"。

（2）求作一般点。选水平面 P 作辅助平面，即作 P_V 与截交线正面投影交于 4'（5'），与圆锥最右素线交于 m'，求得 m，以 o 为圆心、om 为半径作圆，与截交线的水平投影交于 4、5，由 4'、（5'）和 4、5 求得 4"、5"。用同样方法在 P 上下再作辅助平面，求出若干点。

（3）依次圆滑连接所求各点，即得截交线的侧面投影。

例　直立圆锥被正垂面所截，求截交线的水平投影和侧面投影（见图 6-9）。

图 6-9　平面与圆锥轴线倾斜时截交线的画法

解　如图 6-9（a）所示，因截平面 P 倾斜于圆锥轴线且 $\theta > \alpha$，故截交线为椭圆，其正面投影积聚在 P_V 上，椭圆的长轴为正平线，其端点分别在最左、最右素线上，短轴为过长轴中点的正垂线，其水平投影反映实长。

作图过程如图 6-9（b）所示：

（1）求作特殊点。点Ⅰ和点Ⅱ分别在圆锥的最左和最右素线上，其正面投影为 1'、2'，由 1'、2'求得 1、2 和 1"、2"。在 1'2'中点处取点 3'、（4'）为椭圆短轴Ⅲ Ⅳ的正面投影，过Ⅲ、Ⅳ点作水平辅助平面 Q，Q 与圆锥面的交线为水平圆，则Ⅲ、Ⅳ点的水平投影和侧面投影必在这个圆的同面投影上，因此可得 3、4 及 3"、4"。点Ⅴ、Ⅵ分别在最前和最后素线上，由 5'、（6'）可求得 5、6 和 5"、6"。

（2）求作一般点。在截交线上取点Ⅶ、Ⅷ，其正面投影为 7'、（8'），过Ⅶ、Ⅷ点作辅助平面 Q_1，求出 7、8 及 7"、8"。

（3）依次圆滑连接各点的同面投影，即得截交线的水平投影和侧面投影。

6.2.3　圆球的截切

圆球被任一位置平面所截，其截交线均为圆。当截平面为投影面的平行面时，截交线在该投影面上的投影为反映实形的圆；当截平面为投影面的垂直面时，截交线在该投影面上的投影积聚为直线；当截平面倾斜于投影面时，截交线在该投影上的投影为椭圆。

例 求半圆球被开凹槽后的水平和侧面投影（见图 6-10）。

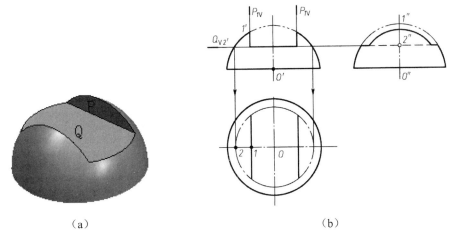

（a） （b）

图 6-10　圆球开槽的截交线画法

解 圆球被两个侧平面 P_1、P_2 所截其截交线为完全相同的两段圆弧，其正面投影分别与 P_{1v}、P_{2v} 重合，P_{1v} 交半球正面投影的转向轮廓线于 $1'$，由 $1'$ 得 $1''$，以 O'' 为圆心，$O''1''$ 为半径作弧得截交线的侧面投影，水平投影为直线。

同理，Q_v 交球体正面投影的转向轮廓线为 $2'$，由 $2'$ 得 2，以 O 为圆心，以 $O2$ 为半径作弧，得截交线圆弧的水平投影，侧面投影为直线。

判别可见性，整理轮廓线。

例 球体被正垂面所截，试完成其水平投影和侧面投影（见图 6-11）。

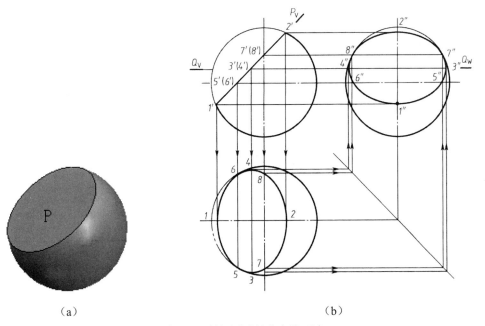

（a） （b）

图 6-11　斜切圆球的截交线画法

解 如图 6-11（a）所示，由于截平面为正垂面，所以截交线圆的正面投影积聚为直线，水平投影和侧面投影为椭圆。可用辅助平面法求之。

作图过程如图 6-11（b）所示

（1）求特殊点。由正面投影可知，点 Ⅰ、Ⅱ 为截交线的最左、最右点，并且位于最大正平圆上，由 1′、2′ 可直接求得 1、2 和 1″、2″。取 1′2′ 的中点 3′、（4′）为截交线圆的水平、侧面投影椭圆长轴上的两端点的正面投影，点 Ⅲ、Ⅳ 为最前、最后点，作辅助平面 Q 可求得 3、4 及 3″、4″。点 Ⅴ、Ⅵ、Ⅶ、Ⅷ 为球面转向轮廓线上的点，由 5′、（6′）、7′、（8′）可求得 5、6、7、8 和 5″、6″、7″、8″。

（2）求作一般点。在适当位置取若干个一般点，利用辅助平面法，由正面投影求得水平投影和侧面投影。

（3）依次圆滑连接各点的同面投影，并整理轮廓线，判别可见性。

6.2.4 组合体的截切

由于组合体是由几个基本体组合而成，所以截交线也是由各基本体的截交线组合而成，在求作截交线时，分别作截平面与基本体的截交线，再把它们组合在一起，即是截平面与组合体的截交线。

例 求作顶针截交线的水平投影（见图 6-12）。

（a）　　　　　　　　　　　　　（b）

图 6-12　顶针截交线画法

解 如图 6-12（a）所示，顶针是由同轴的圆锥和圆柱组成，上部被一个水平截面 P 和一个正垂面 Q 所截切，截交线由三部分组成，由于平面 P 平行于轴线，所以它截切圆锥得双曲线，截切圆柱得平行两直线；而正垂面 Q 截切圆柱得一段椭圆曲线，截交线的正面和侧面投影均有积聚性，只需求水平投影。

作图过程如图 6-12（b）所示

（1）求作特殊点。由正面投影可知，Ⅰ 点是双曲线的顶点，它位于圆锥对正面的转向轮廓线上，由 1′ 得 1、1″。Ⅱ、Ⅲ 是双曲线与平行两直线的结合点，它位于圆锥底圆上，由 2′、3′ 和 2″、3″ 可得 2、3。Ⅳ、Ⅵ 是椭圆曲线与平行两直线的结合点，且 4″、6″ 分别与 2″、3″ 重合，由 4′、6′和（4″）、（6″）可得 4、6。V 点是椭圆曲线的最右点，也是圆柱对正面转向轮廓线上的点，由 5′可直接得 5、5″。

（2）求作一般点。在圆锥面上取Ⅶ、Ⅷ两点，在圆柱面上取Ⅸ、Ⅹ点，可用辅助平面法求得其水平投影 7、8、9、10。

（3）依次圆滑连接各点，并整理轮廓线，判别可见性。

6.3　平面体与回转体相交

平面立体与回转体相交，其相贯线是由若干段平面曲线（包括直线段和曲线段）所组成的空间曲线，一般为封闭的。相贯线的每段平面曲线是平面立体的某一棱面与回转体相交所得的截交线。两段平面曲线的交点叫结合点，是平面立体的棱线与回转体的交点。因此，求平面立体与回转体的交线可以归结为两个基本问题，即求平面与曲面的截交线及直线与曲面的交点。

例　求圆锥形薄壳基础的表面交线，如图 6-13 所示。

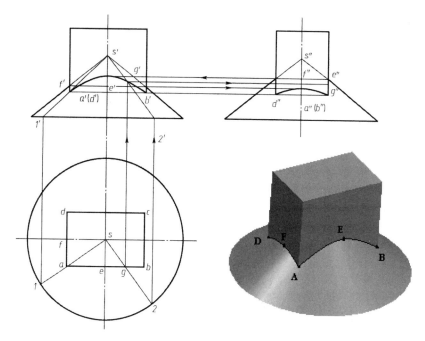

图 6-13　四棱柱与圆锥相交

解　该基础实际上由四棱柱与圆锥相交而成，它们的中心线相互重合，故其表面交线为由四条双曲线组成的空间封闭的曲线。整个基础前后左右对称。四条双曲线的交点也就是四棱柱的棱线与圆锥面的交点。作图步骤如下：

（1）先求四个结合点的投影。由于四棱柱的水平投影有积聚性，故这四个结合点 A、B、C、D 的水平投影 a、b、c、d 为已知。作过 A 点的圆锥素线 $S1$ 的水平投影 $s1$，据此按投影关系作出 $s'1'$，$s'1'$ 与四棱柱棱线正面投影的交点即为 a'。A 点在四棱柱的前面上，此面的侧面投影有积聚性，再根据投影关系（高平齐）作出 a''。同理可作出另三个结合点的投影。

（2）求四条双曲线的四个最高点。圆锥最左、最右和最前、最后四条素线与四棱柱相应棱面的交点即为所求的四个最高点。图中利用四棱柱前面的积聚性先求出 e 和 e″，再求出 e′；利用四棱柱左面的积聚性先求出 f 和 f′，再求出 f″。

（3）再求若干一般点。在圆锥面上任作素线 S2 的水平投影 s2，与 ab 交于 g，按投影关系作出 s′2′后，便可据 g 求出 g′，进而求出 g″。

（4）最后，将求出的点以四个结合点为界，分段逐次光滑相连，便可完成作图。

本例也可以用在圆锥面上作一系列纬圆的方法来求解。

6.4　两回转体相贯

两回转体相交，其相贯线一般是封闭的空间曲线，特殊情况下可能是平面曲线或直线。投影作图时，需先设法求出两形体表面的共有点（特别是特殊位置的点），然后把它们用曲线光滑连接起来，并区分可见性。如图 6-14 所示为回转体相贯的工程实例。

（a）　　　　　　　　　（b）　　　　　　　　　（c）

图 6-14　回转体相贯实例

相贯线有三种形式：两外表面相贯、外表面与内表面相贯和两内表面相贯。轴线垂直正交的两圆柱相贯的三种形式如图 6-15 所示，这三种情况下相贯线的形状和性质一样，求法也相同，不同的是圆孔与圆孔相交若不可见时，圆孔的转向轮廓线和相贯线的投影应画成虚线。

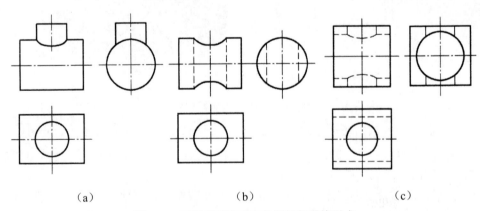

（a）　　　　　　　　　（b）　　　　　　　　　（c）

图 6-15　两轴线垂直正交的圆柱相贯线形式

相贯线是由两立体表面一系列共有点组成的，因此求相贯线实际上就是求两立体表面上一系列共有点，然后依次连接各点。常用的方法有以下两种：

（1）利用积聚性投影取点作图法。当相交的回转体的某面投影有积聚性时，可利用其积聚性的投影特性，通过在立体表面取点求相贯线的投影。

（2）辅助平面法或辅助球面法。当相交的两回转体的相贯线不能用积聚性投影求作时，可采用辅助平面法，条件合适时，也可采用辅助球面法作图。注意，为使作图简便，要让辅助面与两回转体的交线的投影都是最简单易画的图形，即直线或圆。

本书重点介绍两轴线垂直正交圆柱的相贯线的求法。

6.4.1　轴线垂直正交的两圆柱的相贯线的求法

当圆柱轴线垂直于某个投影面时，则圆柱面在该投影面上的投影有积聚性，所以轴线垂直正交的两圆柱的相贯线可采用利用积聚性投影取点作图法求解。

例　求轴线垂直正交的两圆柱的相贯线。

解　如图 6-16（a）所示，两圆柱垂直正交，其相贯线为左右、前后对称的封闭空间曲线。相贯线是两圆柱的共有线，由于两圆柱的轴线分别为铅垂线和侧垂线，因此，相贯线的水平投影和侧面投影分别积聚在小圆柱和大圆柱的相应水平和侧面投影上，只需求相贯线的正面投影即可。

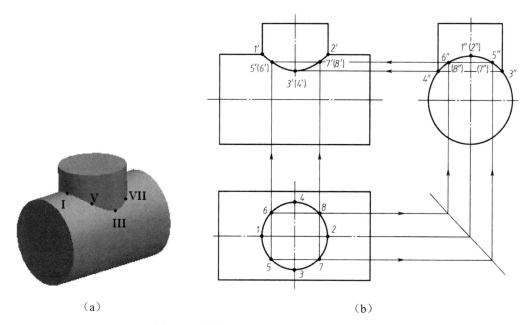

　（a）　　　　　　　　　　　　　　　　　　　（b）

图 6-16　轴线垂直正交两圆柱相贯线的画法

作图过程如图 6-16（b）所示：

（1）求特殊点。点Ⅰ、Ⅱ分别为相贯线的最左点和最右点，也是相贯线的最高点。Ⅲ、Ⅳ是相贯线的最低点，也分别是相贯线的最前点和最后点，它们位于小圆柱对侧面的转向轮廓线上。根据水平投影和侧面投影可直接求出 1′、2′、3′、4′。

（2）求一般点。在相贯线适当位置取若干点，如取Ⅴ、Ⅵ、Ⅶ、Ⅷ四点，先在水平投影中取 5、6、7、8，再在侧面投影中得到 5″、6″、（7″）、（8″），最后求出 5′、（6′）、7′、（8′）。

（3）依次圆滑连接各点。1′、5′、3′、7′、2′为前半段相贯线的正面投影，后半段相贯线与之重合。

6.4.2　轴线垂直正交的两圆柱的相贯线的变化趋势

两圆柱轴线垂直正交且平行于同一投影面，当两圆柱的直径大小相对变化时，将会引起它们表面的相贯线的形状和位置产生变化，如图 6-17 所示。变化的趋势是：相贯线总是从小圆柱向大圆柱的轴线方向弯曲，当两圆柱等径时，相贯线由两条空间曲线变为两条平面曲线——椭圆，此时它们与两轴线同时平行的投影面的投影为相交两直线（见图 6-17）。

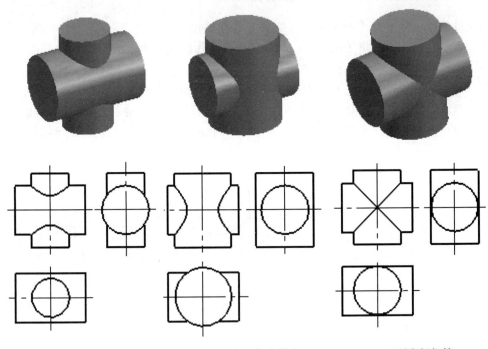

　　（a）两直径竖小横大　　　　　（b）两直径竖大横小　　　　　（c）两直径相等

图 6-17　轴线垂直正交的两圆柱相贯线的变化趋势

6.4.3　轴线垂直正交的圆柱与圆锥的相贯线的变化趋势

如图 6-18 所示为两轴线垂直正交的圆柱与圆锥，随着圆柱直径大小和相对位置的不同，相贯线在两条轴线共同平行的投影面上，其投影的形状或弯曲趋向也会有所不同。如图 6-18（a）所示圆柱贯入圆锥，左右对称的两条相贯线的正面投影由圆柱向圆锥轴线方向弯曲，并随圆柱直径的增大，相贯线逐渐弯近圆锥轴线；如图 6-18（b）所示圆锥贯入圆柱，上下两条相贯线的正面投影由圆锥向圆柱轴线方向弯曲，并随圆柱直径的减小，相贯线逐渐弯近圆柱轴线；如图 6-18（c）所示的圆柱与圆锥互贯，且圆柱面与圆锥面同时外切于一个球面，此时相贯线成为两条平面曲线——椭圆，此时它们与两轴线同时平行的投影面的投影为相交两直线。

6.4.4　同轴回转体的相贯线

当相交回转体的轴线重合时，它们所产生的相贯线为一个与轴线垂直的圆（平面圆），而相贯线的投影则与回转体的轴线对投影面的相对位置有关。同轴回转体的相贯线在平行于轴线的投影面上的投影是直线段，如图 6-19 所示。

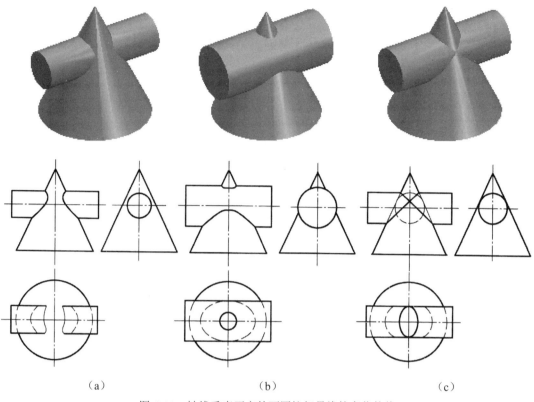

（a） （b） （c）

图 6-18 轴线垂直正交的两圆柱相贯线的变化趋势

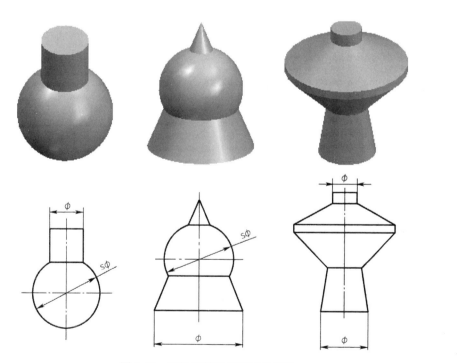

图 6-19 同轴回转体相贯线的投影

第7章　常用工程曲线与曲面

　　建筑工程中常用到一些特定的曲线与曲面，由于它们的空间形象比较复杂，仅根据它们的形象一般不易直接作图。反过来，单从它们的投影图也难以确定其空间形象。因此在投影作图过程中要反映出形成该曲线或曲面的各种要素，才能将它们准确表达。本章简要探讨一些常用曲线与曲面的投影作法。

7.1　曲线

7.1.1　形成及分类

　　（1）形成。

　　曲线的形成可以认为是：

　　1）点运动的轨迹　根据其运动的方式可分为有规则曲线和无规则曲线两种。

　　2）直线运动时所得线簇的包络线，或平面与曲面、两曲面的交线。

　　（2）分类。

　　根据曲线上各点的相对位置可分为两类：

　　1）平面曲线：曲线上所有的点都从属于同一个平面。例如第6章提到的（也是大家所熟知的）圆、椭圆、双曲线、抛物线等都是。

　　2）空间曲线：曲线上任意连续四点不从属于同一个平面，如图7-1所示的任意曲线及圆柱螺旋线等。

7.1.2　曲线的投影特性

　　（1）曲线的投影一般仍为曲线，如图7-1所示。只有当平面曲线所在平面垂直于投影面时，它在该投影面上的投影才为一直线，如图7-2所示。

（a）立体图

（b）投影图

图 7-1　曲线的投影特性及其画法

（2）二次曲线的投影一般仍为二次曲线。圆和椭圆的投影一般为圆或椭圆，且圆心或椭圆中心投影后仍为中心并平分过中心的弦；抛物线、双曲线的投影一般仍为抛物线或双曲线。只有当圆、椭圆、抛物线、双曲线所在的平面垂直于某一投影面时，在该投影面上的投影才为直线。

（3）空间曲线的投影为平面曲线，不可能为直线。

7.1.3　曲线的投影作法

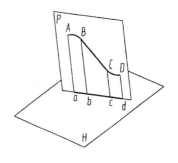

图 7-2　特殊位置平面曲线

由于曲线的投影一般仍为曲线，故作图时应先求出曲线上一些的投影，然后用曲线板将各点的投影按顺序光滑地连接来，即得曲线的投影。曲线板用法见第 1 章内容。

圆倾斜于投影面时的投影为椭圆，称为投影椭圆，如图 7-3（a）所示，已知圆 O 所在平面 $P \perp V$，P 面与 H 面的倾角为 α，圆心为 O，直径为 ϕ。此时：

（1）由于圆 O 所在平面 P 为正垂面，故其正面投影积聚为长度等于直径 ϕ 的直线段。该直线段与 OX 轴的夹角为 α，见图 7-3（b）。

（2）由于 P 面倾斜于 H 面，故圆的水平投影为椭圆。圆心 O 的水平投影为椭圆的中心 o。椭圆的长轴是通过圆心 O 的水平直径 AB 水平投影 ab，椭圆的短轴则为与 AB 垂直的直径 CD 的水平投影 cd。从图中可见，用数学公式描述时，$cd=CD \cdot \cos\alpha$，见图 7-3（c）。

（3）如果设定一个垂直于 V 面且平行于 P 面的辅助投影面（下章详细讨论）H_1，则圆 O 在 H_1 面上的辅助投影为以 O_1 为圆心、直径为 ϕ 的圆周，该圆周反映圆 O 的实形，见图 7-3（d）。

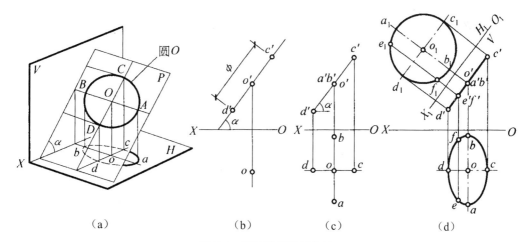

（a）　　　　　（b）　　　　　（c）　　　　　（d）

图 7-3　圆的投影椭圆作法

作水平投影中的椭圆时，已知长轴 ab、短轴 cd，也可用几何作图的方法画出椭圆（见习题集第二章的"几何作图"）。也可借助于辅助投影，即在任一位置上画出一平行于直径 a_1b_1 的弦 e_1f_1 与圆周相交于 e_1、f_1；量取该两点的 y_1 坐标值，按投影关系即可在原有的水平投影中定出 e、f。用同样的方法，多求出一些点的投影之后就可用曲线板将椭圆描绘完成。

对于圆或椭圆的投影，必须用细点划线表示出它们的圆心位置或一对共轭直径（或长短轴）等形成要素。

椭圆的其他作法及部分常用规则曲线的作法及详细步骤见第 1 章。其他不规则曲线的投影画法与上述方法相似，此处不再赘述。

7.2 回转曲面

7.2.1 直纹回转面

以直线为母线而形成的回转面称为直纹回转面。常见的直纹回转面除了第 6 章回转体中讲到的圆柱面与圆锥面以外，还有单叶双曲面。

当母线 *AB* 与轴线 *OO* 交叉回转时，则围成单叶回转双曲面，简称单叶双曲面，如图 7-4 所示。其中，*A*、*B* 两点形成的圆分别称为顶圆和底圆。

图 7-4 单叶双曲面

1. 单叶双曲面的投影作法

由母线与轴线交叉所形成的单叶回转双曲面的投影图如图 7-5 所示。根据单叶双曲面的形成特点，它的投影作法有两种。

（1）纬圆法 如图 7-5（a）所示，已知母线 *AB* 及铅垂轴 *OO* 的两面投影，于是该曲面的顶圆、底圆和喉圆都在水平投影中以 *o* 为圆心，以 *oa*、*ob* 和 *oc*（*oc*⊥*ab*）为半径画出。这三个圆的正面投影分别是过 *a'*、*b'*、*c'* 的水平线段，长度等于各自的直径。为了较准确地作出该曲面的正面投影，可在母线 *AB* 上再任取若干点，如 *D*(*d,d'*)、*E*(*e,e'*)等。同理，过这些点可分别作出各个纬圆的水平投影和正面投影。将上述各水平线段的端点依次连接，即得该曲面正面投影的左、右外形线（双曲线）。区分可见性和整理后即得清晰的投影图，如图 7-5（b）所示。

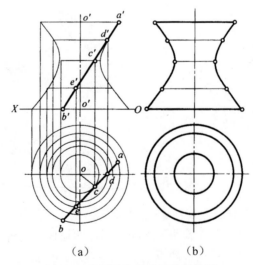

图 7-5 纬圆法作单叶回转双曲面

（2）素线法 如图 7-6（a）所示，先作出顶圆和底圆的水平投影和正面投影；再在水平投影中分别从点 *a*、*b* 开始将顶圆、底圆各作相同的等份（例如 12 等份）得 1,2,3,4,...和

$1_1,2_1,3_1,4_1,...$点，并分别定出这些点的正面投影 $1',2',3',4',...$和 $1'_1,2'_1,3'_1,4'_1,...$；然后将正面投影和水平投影中相同编号的点用直线连结起来，区分可见性；最后画出包络线（正面投影中的双曲线和水平投影中的圆周），整理全图得图 7-6（b）。

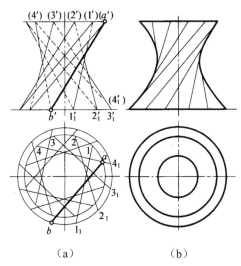

（a）　　　　　　　　（b）

图 7-6　素线法作单叶回转双曲面

　　上述两种作图方法，所得结果是一致的。上述的单叶回转双曲面也可看成是由一条双曲线绕轴线运动而成的回转面。

　　图 7-7 为单叶回转双曲面在建筑工程中的应用实例——德国某影院。

图 7-7　单叶回转双曲面应用实例

7.2.2　曲纹回转面

　　以曲线为母线做回转运动而形成的曲面，称为曲纹回转面。工程上最特殊的曲纹回转面有球面和圆环面两种。前者可看成是由一圆周以任一条直径为轴做回转运动而形成；后者则可看成是一圆周以不通过圆心但与圆周共面的一条直线为轴做回转运动而形成。它们的投影图见表 6-2。其他形式的曲纹回转面在工程上和生活中能够见到许多，例如机床上的各种手等物体。

7.3 非回转直纹曲面

这类曲面根据直母线运动方式的不同，大致可分为五种。

7.3.1 柱面

当直母线 AB 沿着一曲导线 L 移动，并始终与一直导线 OO 平行时，所形成的曲面称为柱面；控制直母线运动的导线 L 可以是闭合的或不闭合的。如图 7-8 所示，该图的曲导线 L 是位于正平面 P 上的半个椭圆，直导线 OO 通过椭圆中心且与正平面垂直。柱面的特点是所有素线均相互平行。

图 7-8 柱面的形成及其三面投影图

7.3.2 锥面

当直母线 SA 沿着一曲导线 L 移动，并始终通过一固定点 S 时所形成的曲面称为锥面。如图 7-9 所示，曲导线 L 是位于正平面上的半圆，固定点 S 位于半圆右端的外形素线某一位置上。锥面的特点是所有素线均交汇于锥顶。

图 7-9 锥面的形成及其三面投影图

7.3.3 柱状面

当一直母线沿着两条曲导线移动，并始终平行于一导平面时，所形成的曲面称为柱状面，如图 7-10 所示。柱状面的相邻两素线是两交叉直线。

图 7-10 柱状面的形成及其三面投影

7.3.4 锥状面

当一直母线沿一条曲导线和一条直导线移动，并始终平行于一导平面时，所形成的曲面称为锥状面，如图 7-11 所示。锥状面的相邻两素线也是两条交叉直线。

图 7-11 锥状面的形成及其三面投影

比较上述四种曲面的投影图，可见其有相似之处，但有更多不同之处，这都是由约束直母线运动的条件不同造成的。需牢记各种不同的约束条件及其投影图的特点。

7.3.5 双曲抛物面

当一直母线沿两交叉直导线移动，并始终平行于一导平面时，所形成的曲面称为双曲抛物面。如图 7-12 所示，设母线 AC 以 AB、CD 为导线，P 为导平面（P 垂直于 H 面），所有素线都与 P 面平行，于是该母线 AC 的轨迹为双曲抛物面。该图也可解释为：AB 母线以 AC、BD 为导线，Q 为导平面（Q 垂直于 H 面），于是母线 AB 移动所形成的曲面亦为同一个双曲抛物面。

双曲抛物面投影图的作图过程如图 7-13 所示。其中：

（1）已知导线 AB、CD 及导平面户的投影（$AB=cd$，但 AB 与 CD 不一定等长），如图 7-13（a）所示。

（2）将 ab、cd 分成相同等份，过相同的等分点作一系列平行于 P_H 的素线，并作出这些素线的正面投影，如图 7-13（b）所示。

（3）在正面投影中画素线投影的包络线，并区分可见性，如图 7-13（c）所示。

图 7-12　双曲抛物面的形成

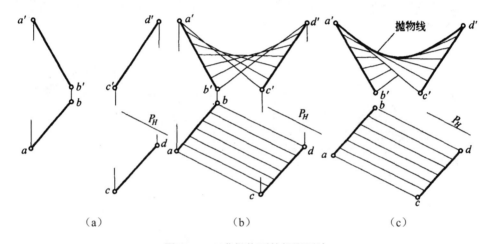

（a）　　　　　　　　　（b）　　　　　　　　　（c）

图 7-13　双曲抛物面的投影画法

双曲抛物面经常在一些公共建筑中获得应用。如图 7-14 所示为某音乐厅的外观图，它反映出建筑艺术之创新精神。此外，水利工程中常采用双曲抛物面的某一部分作为闸门进出口与渠道连接处的护坡，此时通称为扭面或扭壳。

图 7-14　某音乐厅外观图

柱面、锥面及其他回转面在工程上的应用也非常广泛，如通风管道及其接口就常用柱面和锥面。其他复杂曲线和曲面在工程实际中的应用也很多，例如体育馆的立面做成椭圆柱面、屋顶做成双曲抛物面，如图 7-15 所示。

图 7-15　某体育馆外观图

7.4　圆柱螺旋线和螺旋面

7.4.1　圆柱螺旋线的形成

如图 7-16 所示，一个动点绕圆柱的轴线做匀圆周运动，同时该圆周又沿圆柱面的直母线做等速直线运动，点的运动轨迹称为圆柱螺旋线。

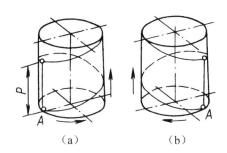

（a）　　　　　　　（b）

图 7-16　圆柱螺旋线的形成

7.4.2　圆柱螺旋线的三要素

（1）圆柱直径 d。

（2）旋向。

旋向分左旋和右旋两种。右旋螺旋线动点 A 的运动符合右手定则：右手的四指弯曲指向动点的旋转方向，拇指指向动点 A 沿母线的运动方向，如图 7-16（a）所示（图中箭头方向也可记为：当轴线竖直时，螺旋线可见部分自左向右上升）。左旋螺旋线的动点旋转方向与右旋螺旋线相反，如图 7-16（b）所示，符合左手定则。

（3）导程 L 及螺距 P。

导程是动点 A 沿圆周旋转一周后，该点沿母线方向移动的距离；相邻的两条螺旋线的轴向距离称为螺距。单线时 $L=P$，多线时 $L=nP$（n 为线数）。

7.4.3 圆柱螺旋线的投影画法

当所属的圆柱轴线为投影面垂直线时，在轴线所垂直的投影平面上，螺旋线上点的投影全部在圆上。画图时，只需要画出螺旋线在轴线所平行的投影平面上的投影，如正面投影，其作图步骤如下：

（1）把圆投影分成若干等份，如 12 等份，按旋向标出各点，如图 7-17（a）、（b）所示。

（2）在非圆投影中，沿轴向在导程 L 的距离内，分成 12 等份。

（3）根据点作螺旋运动的形成方法，分别定出动点 A 在各位置的两面投影 a_1 与 a_1'，a_2 与 a_2'，……，a_{12} 与 a_{12}'。图 7-17（a）为右旋螺旋线，图 7-17（b）为左旋螺旋线。

（4）圆柱螺旋线的展开可假想在动点 A 的起始处，沿 AA 素线将圆柱表面剪开展平，即可得到圆柱螺旋线的展开图，如图 7-17（c）所示。斜边 AA_{12} 为螺旋线的展开实长，底边为圆的周长 πD，另一直角边为导程 L。斜边与底边的夹角 α 称为螺旋线升角，螺旋线与圆柱素线的夹角称为螺旋线的螺旋角。

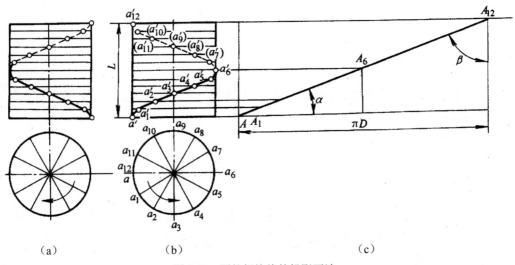

（a）　　　　　　　　（b）　　　　　　　　（c）

图 7-17　圆柱螺旋线的投影画法

7.4.4 正螺旋面的投影画法

（1）螺旋面的形成和特点。

一条直母线以螺旋线为导线且与螺旋线的轴线夹角不变作规则运动，形成的轨迹称为螺旋面。若直母线始终与圆柱螺旋线的轴线垂直，则形成正螺旋面；若直母线与螺旋线的轴线始终倾斜成一定角度，则生成斜螺旋面。螺旋面是直纹曲面的一种，它是不可展曲面。

（2）正螺旋面的投影画法。

正螺旋面投影画法如图 7-18（a）所示。作图步骤如下：

1）作出直母线 AB 两端点所在圆柱，并使该圆柱的高等于螺旋线的一个导程，且将一个导程分为 16 等份。

2）作出直母线 AB 的端点 A 和 B 所在圆柱的水平投影，且将圆周分为 16 等份，各等分点为 1,2,3,…

3）根据 *AB* 直母线每旋转一定角度（360°/16），直母线 *AB* 的正面投影 *a'b'* 也相应上升导程的 1/16，作出直母线正面投影的各个位置。

4）根据螺旋面投影判断其可见性即可。

如图 7-18（b）所示为斜螺旋面的投影画法，其方法步骤与正螺旋面的作图类似，请读者自行分析。

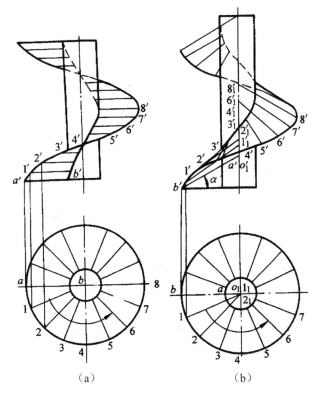

（a）　　　　　　　　　　　　（b）

图 7-18　螺旋面的投影画法

螺纹连接件、螺旋绞刀、螺旋楼梯底面均为螺旋面的工程实际应用。

7.4.5　螺旋楼梯的投影画法

设某螺旋楼梯的外圆直径为 *D*，内圆直径为 *d*，旋转角度为 360°，级数为 12 级，右旋，梯板厚和踢面高均为 *h*，如图 7-19 所示，试作它的投影图。

（1）分析　螺旋楼梯底面为一螺旋面，图 7-19（a）所示，如果沿其轴线下移一段距离（楼梯板竖向厚度），就可得到两个相互平行的螺旋面，如图 7-19（c）所示。再在上螺旋面上加上三角形（近似的）踏步，扇形的踏面都是水平面，按旋转顺序依次排列，并按等距离垂直升高，即形成一个个踢面，故踢面都是铅垂面，如图 7-19（b）、（c）所示。

（2）作图　作图步骤如下：

1）画出大圆、小圆及导程，并分成 12 等份，作出螺旋线的投影，如图 7-19（a）所示。

2）按踢面高度 h 画出步级，再加一踢面高度，到达上一层楼面，如图 7-19（b）所示。

3）按梯板厚度 h 在所画螺旋线下方再画出两条螺旋线，如图 7-20（c）所示。

4）区分可见性，加粗线，完成作图，如图7-19（d）所示。

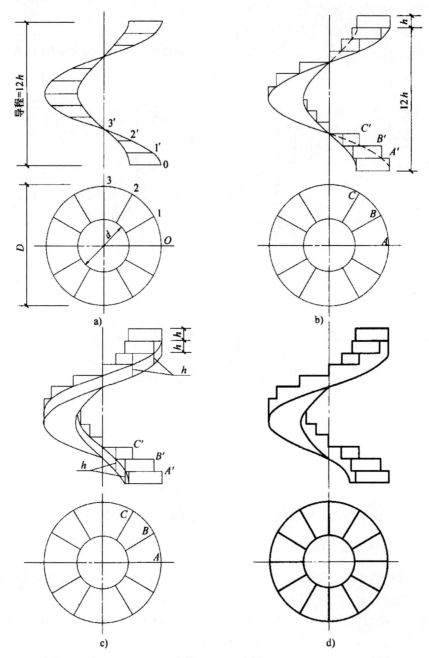

图 7-19　螺旋楼梯

第 8 章　轴测投影

从前几章的内容中可以看出，采用多面正投影来表达工程形体，其优点是能够完全准确地表达出工程体的形状和大小，且作图简便。然而这种图无立体感，缺乏读图基础的人难以看懂。如果将图 8-1（a）所示的立体用图 8-1（b）所示的轴测投影来表达，就有了立体感，即使是缺乏读图基础的人也能看懂。轴测投影的缺点是，一般不能反映物体各表面的实形，与坐标轴不平行的线段不易测量，且作图稍复杂。因此，轴测投影只作为辅助图样来帮助人们读图。

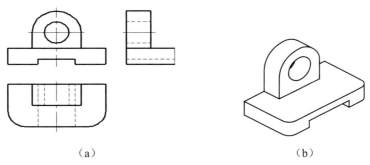

（a）　　　　　　　　　　　　　（b）

图 8-1　三面正投影和轴测投影的比较

8.1　轴测投影的基本概念

8.1.1　轴测投影的形成

将物体连同确定其空间位置的参考直角坐标系，沿不平行于任一坐标平面的方向，用平行投影法将其投射到单一投影面上所得到的具有立体感的图形，称为轴测投影（轴测图）。

在轴测投影中，三个坐标轴都不积聚，物体沿三个轴向的情况都能反映出来，因此，轴测图具有立体感。

8.1.2　轴测投影的基本术语

（1）轴测投影面　得到轴测投影的投影面称为轴测投影面，如图 8-2 所示的投影面 P。

（2）轴测轴　三条直角坐标轴 OX、OY、OZ 的轴测投影 O_1X_1、O_1Y_1、O_1Z_1 称为轴测轴。

（3）轴间角　轴测轴之间的夹角称为轴间角。

（4）轴向伸缩系数　轴测轴上某段长度与其实长的比称为轴向伸缩系数，一般用 p、q、r 分别代表 X、Y、Z 三个方向的变形系数，即 $p=\Delta X_1/\Delta X$，$q=\Delta Y_1/\Delta Y$，$r=\Delta Z_1/\Delta Z$。

形成轴测投影的投射线的方向称为轴测投射方向，如图 8-2 中的 S_1。

（a）斜轴测图（斜投影法）　　　　　　（b）正轴测图（正投影法）

图 8-2　轴测投影的形成

8.1.3　轴测投影的分类

按照所采用的投影法的不同，轴测投影可分为正轴测投影和斜轴测投影，用正投影法得到的轴测图称为正轴测投影（正轴测图），如图 8-2（b）所示；用斜投影法得到的轴测图称为斜轴测投影（斜轴测图），如图 8-2（a）所示。

根据轴向伸缩系数的不同又可分为：

（1）正（斜）等轴测投影（等轴测图）：三个轴向伸缩系数均相等的轴测投影。

（2）正（斜）二轴测投影（二轴测图）：两个轴向伸缩系数相等的轴测投影。

（3）正（斜）三轴测投影（三轴测图）：三个轴向伸缩系数均不相等的轴测投影。

8.1.4　轴测投影的特性

轴测投影属于平行投影，具有平行投影的投影特性，即：

（1）平行性：物体上相互平行的线段，其轴测投影仍相互平行；物体上平行于坐标轴的直线段，其轴测投影与相应轴测轴保持平行。

（2）实形性：平行于轴测投影面的直线和平面，其轴测投影反映该直线的实长和平面的实形。

（3）物体几何元素之间的从属性、比例性、相切性在轴测投影中仍保持不变。

8.1.5　对轴测投影的基本要求

（1）轴向伸缩系数之比值（即 $p:q:r$）应采用简单的数值，以便于作图。

（2）轴测图中的三根轴测轴应配置成便于作图的特殊位置；绘图时，轴测轴可随轴测图同时画出，也可以省略不画。

（3）轴测图中，应用粗实线画出物体的可见轮廓；必要时，可用虚线画出物体的不可见轮廓。

8.1.6　常用的轴测投影

常用的轴测投影见表 8-1。

表 8-1 常用的轴测投影

特性	正轴测投影			斜轴测投影		
	投射线与轴测投影面垂直			投射线与轴测投影面倾斜		
轴测类型	等测投影	二测投影	三测投影	等测投影	二测投影	三测投影
简称	正等测	正二测	正三测	斜等测	斜二测	正三测
应用举例 伸缩系数	$p_1 = q_1 = r_1 = 0.82$	$p_1 = r_1 = 0.94$ $q_1 = p_1/2 = 0.47$	视具体要求选用	视具体要求选用	$p_1 = r_1 = 1$ $q_1 = 0.5$	视具体要求选用
简化系数	$p = q = r = 1$	$p = r = 1$ $q = 0.5$			无	
轴间角	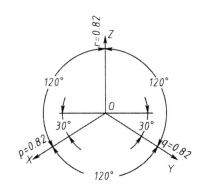					
例图						

8.2 正等轴测投影

8.2.1 正等轴测投影的轴间角和轴向伸缩系数

如图 8-3 所示，正等轴测投影的三个轴间角相等，轴向伸缩系数相等 $p_1=q_1=r_1=0.82$。为了作图简便，通常将轴向伸缩系数取 $p=q=r=1$。这样，沿轴向的尺寸就可以直接量取物体的实长，作图比较方便，但画出的轴测图比原投影放大了 $1/0.82 \approx 1.22$ 倍。

图 8-3 正等测投影的轴向伸缩系数和轴间角

8.2.2　平面立体的正等轴测投影的画法

画平面立体正等测图的基本方法有坐标法、切割法和叠加法。所谓坐标法就是根据立体表面上的每个顶点的坐标，画出它们的轴测投影，然后连接相应点，从而获得轴测图的方法；切割法是对于某些切割体，可先画出其基本体的轴测图，然后用形体分析法按形体形成的过程逐一切去多余部分，从而得到轴测图的方法；叠加法是利用形体分析法将组合体分解成若干个基本体，然后逐个画出基本体的轴测图，再根据基本体邻接表面间的相对位置关系擦去多余的图线而得到立体轴测图的方法。在实际应用中，绝大多数情况是将以上三种方法综合在一起应用，可称为"综合法"。

例　已知正六棱柱的 *V*、*H* 两投影，如图 8-4（a）所示，求作正等轴测图。

解　作图步骤如下：

（1）在 *H* 和 *V* 面投影图上确定参考直角坐标系，坐标原点取为顶面的中心，如图 8-4（a）所示。

（2）画出轴测轴，并在 *X* 轴上量取 *OA=oa*，*OD=od*；在 *Y* 轴上量取 *O*Ⅰ*=o1*，*O*Ⅱ*=o2*，如图 8-4（b）所示。

（3）过Ⅰ、Ⅱ点分别作 *X* 轴的平行线，并在其上量取 *BC=bc*，*EF=ef*，依次连接各点，得顶面轴测图，如图 8-4（c）所示。

（4）由顶面各点沿 *Z* 轴向下引棱线，并截取尺寸 *H*，即得底面各点（仅画出可见点），如图 8-4（d）所示。

（5）连接底面各点，擦去作图线，加深各可见棱线，即完成作图，如图 8-4（e）所示。

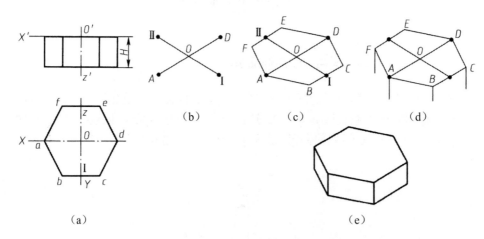

图 8-4　用坐标法作正六棱柱的正等轴测图

例　根据如图 8-5（a）所示切割体的三面正投影图，作出它的正等轴测图。

解　由图 8-5（a）的三视图可知，该立体是由长方体切割而成，作图时宜采用切割画法。即先画出完整长方体的轴测图，然后逐步进行切割。整个立体前后、左右对称。作图步骤如下：

（1）在投影图上确定一点 *O(O,O′,O″)* 作为坐标原点，画出轴测轴。

（2）画出完整长方体的正轴测图，如图 8-5（b）所示。

（3）量宽度尺寸 *a* 和 *b*，切去前后两个三棱柱，如图 8-5（c）所示。

（4）根据尺寸 c、d 和 e，在立体的左、右两侧对称地切去两个缺口，如图 8-5（d）所示。

（5）根据尺寸 e 和 f，在立体顶部挖个前后贯通的直槽，这个槽位于左右的对称中心面上，为使作图准确，要找到这个中心面，如图 8-5（e）所示。

（6）擦去多余图线并加深，完成作图，如图 8-5（f）所示。

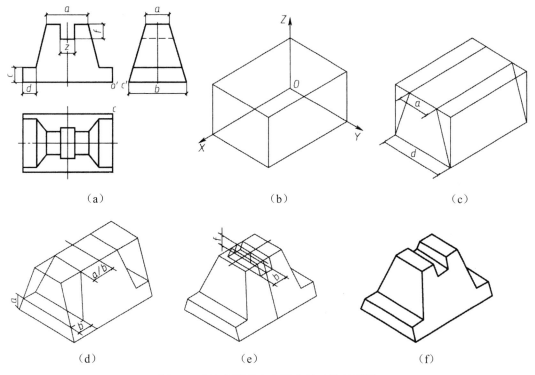

（a）　　　　　　　　　（b）　　　　　　　　　（c）

（d）　　　　　　　　　（e）　　　　　　　　　（f）

图 8-5　用切割法作切割体体的正等轴测图

对于复杂的立体，一般边作图边擦去多余的线。

例　根据如图 8-6（a）所示垫块的三面正投影图，作出它的正等轴测图。

解　该垫块由底板、右板和筋板三部分叠加而成，底板可看成是四棱柱被一铅锤面切割去了左前角（也可直接把它看成是五棱柱）。既有切割又有叠加，可采用综合法求解。作图步骤如下：

（1）在投影图上确定一点 $O(O,O',O'')$ 作为坐标原点，画出轴测轴。

（2）量底板长 a、宽 b 和高 c，画出底板四棱柱的轴测图，如图 8-6（b）所示。

（3）量尺寸 c 和 d，在底板上切去左前角，如图 8-6（c）所示。

（4）因右板与底板右端平齐，所以在底板之上，从右端据尺寸 f 定出右板的长，右板的宽与底板一致是 b，高是 $g-c$，作出右板的轴测图，如图 8-6（d）所示。注意底板与右板前面平齐，要擦去多余的线。

（5）筋板位于右板之左，底板之上，三块板后面平齐。据筋板的长 h、宽 i 和高 j，作出其轴测图，如图 8-6（e）所示。

（6）擦去多余图线并加深，完成作图，如图 8-6（f）所示。

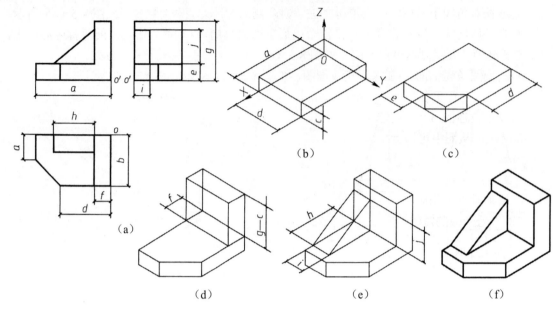

图 8-6 用综合法作垫块的正等轴测图

8.2.3 回转体的正等轴测投影

8.2.3.1 正等轴测投影中圆的画法

从正等轴测投影的形成可知，各坐标面对轴测投影面都是倾斜的，因此，平行于三个坐标面的圆的正等测图均为椭圆，而且大小相等，其长轴方向与所在坐标面相垂直的轴测轴垂直，短轴垂直于长轴。由于画椭圆比较繁琐，况且在绝大多数情况下不必将椭圆画得很精确，所以在工程应用中，大多数是用四段圆弧组成一个近似椭圆来代替投影椭圆。现以平行于 XOY 坐标面的圆的正等测投影的画法为例说明用菱形法近似画椭圆的方法。作图步骤如下：

（1）过圆心 O 画坐标轴 OX、OY，作圆的外切正方形，切点为 I、II、III、IV，如图 8-7（a）所示。

（2）作轴测轴 O_1X_1、O_1Y_1，从点 O_1 沿轴向按半径量切点 1_1、2_1、3_1、4_1，并过 1_1、2_1 作 Y 轴平行线，过 3_1、4_1 作 X 轴平行线，得外切正方形的正等测投影——菱形。菱形的对角线即为椭圆长、短轴方向，如图 8-7（b）所示。

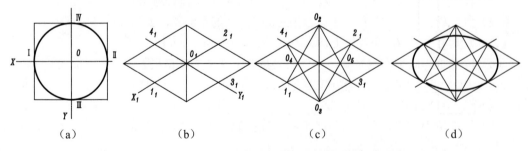

图 8-7 平行于 XOY 坐标面的圆的正等轴测椭圆的画法

（3）设菱形短对角线端点为 O_2、O_3，连接 O_23_1、O_21_1，它们分别垂直于菱形的相应边，并交菱形长对角线于 O_4、O_5，得四个圆心 O_2、O_3、O_4、O_5，如图 8-7（c）所示。

（4）以点 O_2、O_3 为圆心，$O_2 3_1$ 为半径，作大圆弧 $3_1 1_1$、$4_1 2_1$；以 O_4、O_5 为圆心，$O_4 1_1$ 为半径，作小圆弧 $1_1 4_1$、$2_1 3_1$。检查并描深，如图 8-7（d）所示。

与其他两个坐标面平行的圆的正等测投影也可用菱形法作出，如图 8-8 所示。

8.2.3.2　平行于各坐标面的圆的正等测投影的特征

当以正方体的 3 个不可见的平面为坐标平面时，其余 3 个可见平面上的圆的正等测图如图 8-8 所示，从图中可以看出：

（1）3 个椭圆的形状和大小一样，但方向不同。

（2）各椭圆的短轴方向与相应的轴测轴一致，各椭圆的长轴垂直于相应的短轴，即：

1）水平椭圆的短轴平行于 $O_1 Z_1$ 轴，长轴垂直于 $O_1 Z_1$ 轴。

2）正面椭圆的短轴平行于 $O_1 Y_1$ 轴，长轴垂直于 $O_1 Y_1$ 轴。

3）侧面椭圆的短轴平行于 $O_1 X_1$ 轴，长轴垂直于 $O_1 X_1$ 轴。

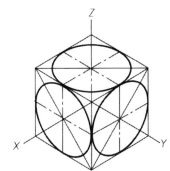

图 8-8　平行于各坐标面的圆的正等测图

8.2.3.3　圆柱的正等测图的画法

画圆柱的正等测图，只要先画出底面和顶面圆的正等测图——椭圆，然后作出两椭圆的公切线即可。

例　已知圆柱的 V、H 面投影，如图 8-9（a）所示，作出圆柱的正等轴测图。

解　（1）确定参考坐标系：选顶圆的圆心为坐标原点，XOY 坐标面与上顶圆重合。

（2）用菱形法画出顶圆的轴测投影——椭圆，将椭圆沿 Z 轴向下平移 H，即得底圆的轴测投影，如图 8-9（b）所示。

（3）作两椭圆的公切线；擦去不可见的部分，加深后即完成作图，如图 8-9（c）所示。

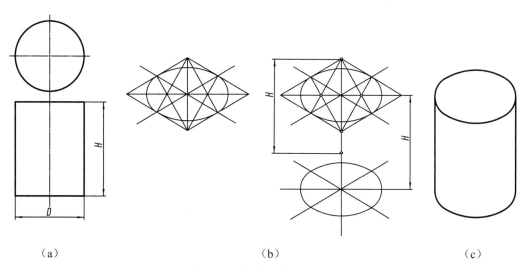

（a）	（b）	（c）

图 8-9　圆柱的正等测图画法

8.2.3.4　圆角正等测图的画法

由图 8-7 中椭圆的近似画法，可以看出：菱形的钝角与大圆弧相对，锐角与小圆弧相对，菱形相邻两条边的中垂线的交点就是圆心。由此得出四分之一圆的正等测投影的近似画法。

如图 8-10 所示立体的圆角画法如下：在轴测投影的两条相交边上，量取圆角半径 R 得到切点 1、2，过切点分别作所在边的垂线，交于 O 点，即为所求圆角的圆心；分别以 O 为圆心，以 $O1$（或 $O2$）为半径画弧 12，即得两圆角的轴测投影图；将所画圆弧沿 Z 轴向下平移 h，即得底面圆角的投影；最后作小圆弧的公切线（轴测投影中四分之一圆柱面的轮廓线）。

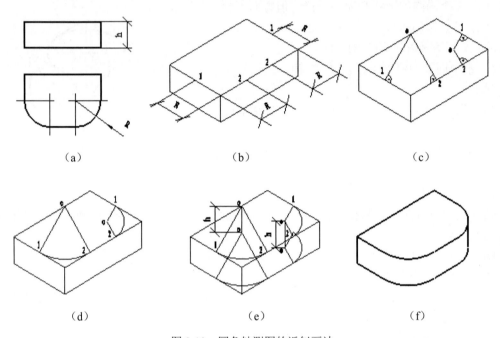

（a）　　　　　　　　（b）　　　　　　　　（c）

（d）　　　　　　　　（e）　　　　　　　　（f）

图 8-10　圆角轴测图的近似画法

8.3　斜轴测投影

常用的斜轴测投影有正面斜轴测投影和水平斜轴测投影。

8.3.1　正面斜轴测投影的形成及画法

形体仍然保持原来得到三面正投影时的位置不动，用倾斜于 V 面的平行投射线将形体投射在 V 面上，得到正面斜轴测投影。

在形成正面斜轴测投影时，轴测投影面（V 面）平行于形体的坐标面 XOZ，XOZ 在 V 面上的轴测投影 $X_1O_1Z_1$ 保持实形，也就是说 $\angle X_1O_1Z_1 = 90°$，轴向伸缩系数 $p=r=1$；Y 轴的伸缩系数、Y_1 轴的方向与投影方向有关，一般取 $q=1/2$（正面斜二测）或 $q=1$（正面斜等测），且轴测轴 O_1Y_1 与水平线的倾角为 45°，如图 8-11（a）所示。

平行于各坐标面的圆的正面斜二测图如图 8-11（b）所示。其中平行于 XOZ 坐标面的圆的正面斜二测图仍然是圆；平行于 XOY、YOZ 坐标面的圆的正面斜二测图都是椭圆，且形状相同，作图方法一样，只是椭圆的长短轴方向不同。根据计算，正面斜二测图中，$X_1O_1Y_1$ 和 $Y_1O_1Z_1$ 坐标面上的椭圆长轴=1.06d，短轴=0.33d；椭圆长轴分别与 X_1 或 Z_1 轴倾斜约 7°。

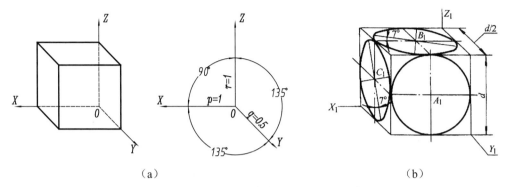

（a）　　　　　　　　　　　　　　　　（b）

图 8-11　正面斜二测图的轴间角和轴向伸缩系数及平行于各坐标面的圆的正面斜二测图

由于平行于 XOZ 坐标面的圆的正面斜轴测图仍然为圆，所以，当物体上有较多的圆平行于 XOZ 坐标面时，宜采用正面斜轴测图。

例　画出图 8-12（a）所示路基下通道的斜轴测投影。

解　作图步骤如下：

（1）确定参考坐标系　使所有的圆弧都属于或平行于 XOZ 坐标面，准备作正面斜轴测图。

（2）选择正面斜轴测图的种类　为了量取方便选择正面斜等测图（为了使轴测图立体感较强，可选择正面斜二测图）。

（3）画出轴测轴及路基前侧面的轮廓投影，如图 8-12（b）所示。

（4）画出路基后侧面的轮廓投影，并作出相关两圆的公切线（圆柱面的轮廓线），得路基上部半圆柱的正面斜等测投影，如图 8-12（c）、（d）所示。

（5）去除所有辅助线，将可见线描深，完成全图，如图 8-12（e）所示。

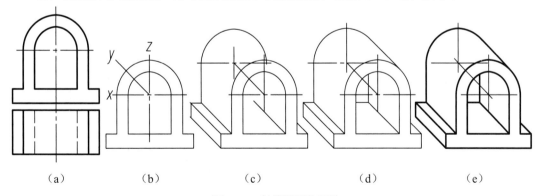

（a）　　　　　（b）　　　　　（c）　　　　　（d）　　　　　（e）

图 8-12　斜等测图的画法

8.3.2　水平斜轴测投影的形成及画法

形体仍保持原来得到三面正投影时的位置不动，用倾斜于 H 面的平行投射线将形体投射在 H 面上，得到水平斜轴测投影。

与正面斜轴测投影类似，水平斜轴测投影的轴间角 $\angle X_1O_1Y_1=90°$，轴向伸缩系数 $p=q=1$，即在水平斜轴测投影中能反映立体上与 H 面平行的平面的实形。习惯上，轴间角 $\angle Z_1O_1X_1$ 取 120°，Z 轴的轴向伸缩系数取 1；画图时，将 O_1Z_1 画成铅垂方向，O_1X_1 和 O_1Y_1 分别与水平线成 30°和 60°。这种轴测图常常用来绘制一幢房屋的水平剖面图（即房屋的平面图）或一个区域建筑群的总平面图，它可以反映出房屋内部布置或一个区域中各建筑物、道路、设施等的平面位置及相互关系，以及各种设施和建筑物等的实际高度。

例 已知建筑平面图如图 8-13（a）所示，并已知建筑物的形状和高度，试画出其水平斜轴测图。

解 如图 8-13（b）所示，取轴测投影轴 X_1 与水平线成 30°，Y_1 轴与水平线成 60°，Z_1 位于铅垂位置，用铅垂方向表达建筑物的高度，画出建筑物的水平斜轴测投影。

（a）建筑平面、立面图　　　　　　　　　（b）轴测图作图步骤

图 8-13　水平面斜轴测图

以水平斜轴测图来表达建筑物，既有平面图的优点，又具有直观性。如图 8-14（a）所示的建筑群总平面图，其水平斜轴测投影如图 8-14（b）所示。

（a）建筑群总平面图　　　　　　　　　（b）建筑群轴测图

图 8-14　水平面斜轴测图

8.4 轴测投影的选择

轴测图的立体感随着形体、投影面和投影方向的不同而有很大差别。在作图方法上，也存在着繁简之分。选择轴测投影应满足两方面的要求：①立体感强、图形清晰；②作图简便。

8.4.1 满足富有立体感、图形清晰的要求

所谓富有立体感和图形清晰，就是要求所选轴测投影能够清楚地反映出形体的形状和结构，避免形体上的面或棱线重合或积聚。

如图 8-15（a）所示四棱柱的棱面与正投影面成 45°，此时采用正等测投影，便出现了面的积聚，失去立体感，如图 8-15（b）所示；因此应采用正二测或斜轴测图的效果较好，如图 8-15（c）所示。

（a）投影图　　　　　（b）正等测图　　　　　（c）正二测图

图 8-15 轴测图的选择

一般情况下，正二等轴测投影立体感较强，但作图过程稍复杂。

8.4.2 满足作图简便的要求

作轴测图通常比较繁琐，若能选择恰当的轴测图，则可以借助于绘图工具，简化作图。如图 8-12 所示路基下的通道，选择了正面斜等测图，路基上平行于正面的圆可以用圆规绘制；Y 轴选 45°方向，平行于坐标轴的直线都可以借助三角板进行绘制。

为了把形体表示得更清晰，对于同一个形体，选用同一种轴测图，还可以有不同的投射方向的选择。如图 8-16 所示为绘制正等测图时常用的四种投射方向。

（a）　　　　　（b）　　　　　（c）　　　　　（d）　　　　　（e）

（a）两面正投影；（b）从左、前、上方向右、后、下方投射；（c）从右、前、上方向右、后、上方投射；（d）从左、前、下方向左、后、下方投射；（e）从右、前、下方向左、后、上方投射

图 8-16 形体的四种投射方向

8.5 轴测草图的画法

轴测草图是一种凭目测、徒手绘制的轴测图。在工程设计中，常用轴测草图来表达初步构思。在看图时，勾画轴测草图可以帮助构思出形体的空间立体形状。因此，掌握轴测草图的画法也是非常必要的。

8.5.1 徒手画轴测草图的基本方法与技巧

（1）正等测图轴测轴的画法　要求三条轴之间的夹角应尽量接近 120°，O_1Z_1 轴铅垂向上，如图 8-17（a）所示。

（2）正面斜二测图轴测轴的画法　先画互相垂直的轴线 O_1X_1 和 O_1Z_1，然后作第四象限的平分线，即得 O_1Y_1 轴，如图 8-17（b）所示。

图 8-17　徒手画轴测轴

（3）徒手划分比例线段　在图 8-18（a）所示的长方体中，设长方体的某一条棱长作单位长度 L，则其余棱线长度都可以按比例划分，另外还可将长度 L 划分成需要的等份。

画轴测草图时，经常要确定图形的对称线及其几何中心的位置。可以作正方形或矩形的两条对角线，或者估计地画出两对边中点的连线来确定它们的位置，如图 8-18（b）所示。利用矩形的对角线可以成比例地放大或缩小矩形的尺寸，图 8-18（c）为重合两边进行缩放。

（a）徒手按比例划分等长线段　　　（b）确定几何中心的方法　　　（c）利用对角线缩放矩形

图 8-18　徒手草图比例线段画法

（4）圆的轴测草图的画法　由于圆的轴测投影一般为椭圆，故画圆的轴测草图就是徒手画椭圆。下面以与 YOZ 坐标平面平行的圆的正等测投影为例进行说明。

1）作边长约等于圆的直径的菱形，使菱形的边分别平行于 Y 轴和 Z 轴，则其长对角线处于与水平线成 60°的位置，如图 8-19（a）所示。

2）用细线勾画出四段短圆弧，使之与菱形各边的中点相切，如图 8-19（b）所示。

3）光滑连接四段圆弧，并描粗即得椭圆，如图 8-19（c）所示。

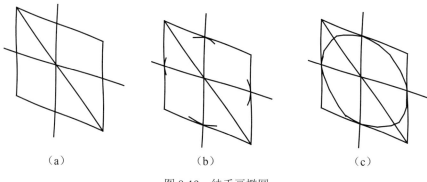

图 8-19 徒手画椭圆

8.5.2 徒手画轴测草图的一般步骤

（1）从图样、模型或其他资料分析出物体的形状及其比例关系。

（2）选择所用的轴测图种类。

（3）确定合适的轴测投影方向，使之尽可能多地反映物体的形状特征。

（4）进行具体绘图。

如图 8-20（b）、（c）、（d）所示为一支座正等测草图的画法。

图 8-20 支座正等测草图的画法

画轴测草图时，应特别注意画出的图形各部分的比例应协调。否则，就会使图形严重失真，从而影响立体感。

第9章 组合体

工程形体的形状虽然复杂，但一般可以把它看成由一些简单的基本立体，如棱柱、棱锥、圆柱、圆锥、球、环等组合而成。这种由两个及两个以上的基本体经过叠加、切割等方式组合而成的物体，称为组合体。本章主要研究组合体的画图、看图及尺寸标注等问题。

9.1 组合体的形体分析

9.1.1 组合体的组合形式

组合体的组合形式可分为三种：叠加、切割、综合。

如图 9-1（a）所示组合体属于叠加式，由四棱柱Ⅰ与Ⅱ叠加而成。

如图 9-1（b）所示组合体属于切割式，由四棱柱Ⅰ挖去圆柱体Ⅱ而成。

如图 9-1（c）所示组合体属于综合式，它由挖去四棱柱Ⅲ的四棱柱Ⅰ、与挖去半圆柱Ⅳ的四棱柱Ⅱ叠加而成。

（a）叠加 （b）切割 （c）综合

图 9-1 组合体的组合形式

9.1.2 组合体各基本体间表面的连接关系

组合体各基本体间表面的连接关系可分为平齐、相错、相切、相交四种情况。

1. 平齐

如图 9-2 所示，上下两形体的前表面平齐、共面，结合处没有界线，故在正立面图所指处不应画线。

2. 相错

如图 9-3 所示，上下两形体的前表面相错，正立面图应画出两表面之间的界线。

图 9-2　两形体表面平齐

图 9-3　两形体表面相错

3. 相切

如图 9-4 所示，底板的前后平面分别与圆柱面相切，在主、左侧立面图的所指处不应画线。

4. 相交

如图 9-5 所示，底板的前后平面分别与圆柱面相交，在正立面图中应画出交线的投影。

图 9-4　两形体表面相切

图 9-5　两形体表面相交

9.1.3　形体分析法

组合体是由基本体组合而成的。形体分析法是假想将组合体分解为各个基本形体，弄清各基本形体的组合形式、相对位置以及关连表面的连接关系，以达到了解整体的目的。

如图 9-6 所示的组合体，可看成由底板Ⅰ、圆柱体Ⅱ和立板成Ⅲ三个基本形体叠加而成，底板Ⅰ挖去一长方槽与一圆柱孔，立板Ⅲ与圆柱体Ⅱ各挖去一圆柱孔。它们的相对位置与组合形式：立板Ⅱ叠放在底板Ⅰ的右上部，前、后、右三表面平齐，圆柱体Ⅱ放在底板Ⅰ的上部，外圆柱面与底板上表面相交。

图 9-6　形体分析法

形体分析法是画图、看图、标注尺寸的主要依据，它可以将复杂的组合体分解为较简单的基本体来处理。

9.2 组合体视图的画法

9.2.1 形体分析

如图 9-7（a）所示的轴承座，该组合体可以分解为五个基本形体：底板、支承板、轴承、凸台和肋板，如图 9-7（b）所示。底板前面挖切了两个圆角及两个圆柱孔；底板上叠放着支承板与肋板，支承板与底板后面平齐，肋板是上边带有圆弧槽的多边形板，它们共同支承着上面的轴承；轴承是带有一小圆孔的空心圆柱，其外圆面与支承板的左、右两侧面相切，前、后面相交，而与肋板的前小平面及左、右侧面均相交，轴承与上面的凸台外表面相交。

（a）　　　　　　　　　　　　（b）

图 9-7　形体分析

9.2.2 视图选择

正立面图是三视图中最重要的视图。它的选择主要从以下三个方面考虑。

（1）组合体的安放位置。

应将组合体放正，大多取自然位置，并尽可能使其主要表面或主要轴线平行或垂直于投影面。

（2）正立面图的投影方向。

应选择能较多反映组合体形状特征及各部分相对位置特征的方向作为正立面图投影方向。

（3）视图的清晰性。

图中虚线要尽可能少。选择正立面图要兼顾平面图与左侧立面图中的虚线尽可能少。

图 9-7（a）所示的组合体可按自然位置放置，即底板放成水平，这时有 A、B、C、D 四个投影方向。对其所得的四个视图（见图 9-8）进行比较：对于 A 向与 B 向，B 向视图虚线多，不如 A 向视图清晰；对于 C 向与 D 向，若将 D 向作为正立面图，左侧立面图虚线较多，不如 C 向好；再比较 A 向与 C 向，两者对反映各部分的形状特征和相对位置特征各有特点，差别

不大，均符合正立面图选择的要求。这里我们选择 A 向作为正立面图方向。

图 9-8   正立面图的选择

9.2.3   画三视图

1. 选比例、定图幅

正立面图确定后，根据实物大小及其形体复杂程度，按照制图标准规定选择适当的画图比例和图幅大小。一般情况下选用 1∶1 的比例。

2. 布图、画基准线

如图 9-9（a）所示，视图布置要匀称，要考虑在标注尺寸时留有位置和保持各视图间距。画视图时先画出基准线，基准线是指画图时测量尺寸的基准，一般常用对称中心线、轴线和较大的平面作基准线。

3. 画各基本形体的三视图

按形体分析法所分解的各基本体及其相对位置，逐个画出它们的视图。画图时，先画主要形体，后画次要形体；先画可见部分，后画不可见部分；先画反映形状特征的视图，后画其他视图。在画每个基本体时，三个视图应同时画出，这样能保持投影关系，提高绘图速度，防止漏线、少线，如图 9-9（b）、（c）、（d）、（e）、（f）所示。

4. 检查、加深

检查底稿，擦去多余线，补画遗漏图线。确认无误后，按照标准线型加深图线，如图 9-9（f）所示。

（a）   （b）   （c）

图 9-9   画组合体三视图

（d） （e） （f）

图 9-9　画组合体三视图（续图）

9.3　组合体的尺寸标注

视图只能表示组合体的形状，而其大小和相对位置还需标注尺寸来确定。组合体尺寸标注的基本要求是：

（1）正确：尺寸标注要符合国家标准中有关"尺寸注法"的规定。

（2）完整：尺寸必须标注齐全，不能遗漏尺寸，一般也不能有重复尺寸。

（3）清晰：尺寸标注的布局要整齐、清晰、便于看图。

9.3.1　基本体的尺寸标注

基本体应标注长、宽、高三个方向的尺寸，以确定其形状大小。图 9-10 列出了一些常见基本体的尺寸标注。

一个尺寸	两个尺寸		三个尺寸
两个尺寸	三个尺寸	四个尺寸	五个尺寸

图 9-10　常见基本体的尺寸标注

9.3.2 切割体和相贯体的尺寸标注

对于具有斜截面或缺口的形体，除了注出基本体的尺寸外，还要注出截平面的位置尺寸，因为截平面的位置确定后，截交线随之确定，截交线的尺寸不应注出，如图 9-11 所示。

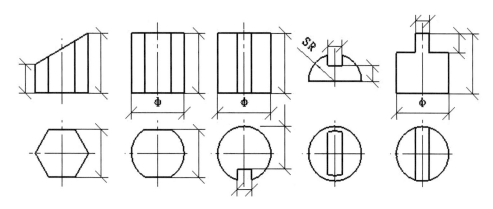

图 9-11 切割体的尺寸标注示例

对于相贯体，应该注出相交两基本体的大小和定位尺寸，而相贯线的尺寸不应注出，如图 9-12 所示。

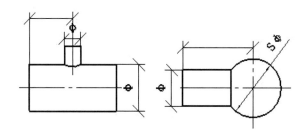

图 9-12 相贯体的的尺寸标注示例

9.3.3 组合体的尺寸标注

组合体尺寸标注的基本要求是正确、完整、清晰，第 1 章曾介绍了如何正确地按国家标准的有关规定标注尺寸，下面讲解如何完整、清晰地标注组合体尺寸。

9.3.3.1 尺寸标注要完整

要完整地标注组合体尺寸，首先要用形体分析法，将组合体分解为若干基本形体，分别注出各基本形体的定形尺寸，然后确定尺寸基准，标出各基本体的定位尺寸，最后注出总体尺寸。

1. 定形尺寸

确定组合体中各基本形体的形状、大小的尺寸，如图 9-13 所示，由底板和竖板组成的"⌐"形的组合体：底板由长方体、半圆柱体以及圆柱孔组成，长方体的长、宽、高尺寸分别为 30、30、10；半圆柱体尺寸为半径 $R15$ 和高度 10；圆柱孔尺寸为直径 $\phi15$ 和高度 10；其中高度 10 是 3 个基本几何体的公用尺寸。竖板为一长方体切去前上角的一块三棱柱体（也可以看作是一个五棱柱体），长方体的 3 个尺寸分别为 30、10、20（高度尺寸 20 是间接定出的：切去的三棱柱的定形尺寸为 15、10、10；其中厚度 10 也是两个基本几何体的公用尺寸）。

图 9-13　组合体的尺寸标注

2. 尺寸基准

标注尺寸的起点。标注各基本体的定位尺寸以前，必须在长、宽、高三个方向分别选出尺寸基准。通常选择组合体的底面、重要端面、对称平面、回转体轴线等作为尺寸基准。图 9-14 为连接配件的尺寸标注，图中长度方向以"Z"字形板的对称面（线）为基准，宽度方向以"Z"字形板的前表面为基准，高度方向以"Z"字形板的底面为基准。

3. 定位尺寸

确定组合体中各基本形体间相对位置的尺寸。凡是回转体的定位尺寸，应注到回转体的轴线（中心线）上，不许注到孔的边缘。例如图 9-13 的平面图中，圆孔的定位尺寸 30 是注到中心线处的。

对于图 9-14 连接配件上 $\phi20$ 的圆孔，其长度、宽度方向均通过基准不需要定位尺寸，高度方向标注定位尺寸 110。

图 9-14　连接配件的尺寸注法

4．总体尺寸

组合体的总长、总宽、总高尺寸。如图 9-15 所示的 560、250、240，即组合体的总长、总宽、总高。

图 9-15　台阶的尺寸注法

当组合体一端或两端为回转面时，一般不标注该方向的总体尺寸，而只标注回转面的定位尺寸和定形尺寸。

9.3.3.2　尺寸标注要清晰

1．尺寸标注要明显

尽可能把尺寸标注在反映形状特征的视图上，并靠近被标注的轮廓线；与两个视图有关的尺寸应注在两视图间的一个视图旁；尽可能不在虚线上标注尺寸。

如图 9-13 所示，两块板厚度尺寸 10 都标注在反映其厚度的正立面图中；平面图中圆孔的定位尺寸 30 则标注在平面图与正立面图之间。

2．尺寸标注要集中

同一个基本体的定形和定位尺寸尽量集中。

如图 9-13 所示，表示圆柱孔直径的尺寸 $\phi15$ 及半圆柱的半径尺寸 $R15$ 和定位尺寸 30，都集中标注在平面图上。

在工程图样中，水平面的尺寸一般都集中标注在平面图中，如图 9-15 所示的台阶左方踏步的尺寸 300 和右方栏板的尺寸 240；当然也可标注在形状特征明显的正立面图上。

3．尺寸布置要整齐

平行的尺寸线的间隔应相等，尺寸数字应写在尺寸界线的中间位置；短的、细部的尺寸应布置得靠近视图，总尺寸布置在最外侧。

4．保持视图清晰

尺寸一般应尽可能布置在视图轮廓线之外，只有某些细部尺寸允许标注在图形内。例如

图 9-14 的定形尺寸 $\phi20$ 就标注在正立面图的图形内。

9.3.3.3 组合体尺寸标注举例

现以图 9-16 所示的形体，说明标注组合体尺寸的方法。首先应对组合体进行形体分析（这一步在画组合体中已作分析，这里不再赘述）；然后标注各基本形体的定形尺寸；接着注出基本形体的定位尺寸；最后标注总体尺寸。具体步骤如图 9-16 所示。

（a）形体分析   （b）标注基本体的定形尺寸

（c）标注各个基本体之间的定位尺寸   （d）标注总体尺寸，完成尺寸标注

图 9-16 组合体的尺寸标注

9.4 组合体三视图的读图和补画视图

画图和看图是学习工程制图的两个重要环节。画图是由"物"到"图"的过程，而看图则是由"图"到"物"，即根据视图想象出组合体空间形状的过程，这两方面的训练都是为了培养和提高空间想象能力和构思能力，它们相辅相成、不可分割。

9.4.1 看图的基本要领

9.4.1.1 几个视图联系起来看

一个视图只能反映物体两个方向的尺寸，一般不能确切地表达出物体三维空间的形状，如图 9-17（a）所示的正立面图，可以是图 9-17（b）、（c）、（d）三个组合体的正面投影。

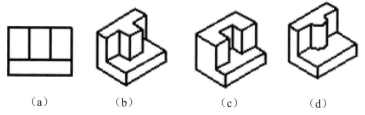

图 9-17 一个视图不能确切地表达物体形状的例子

有时两个视图也不能确定物体的形状，如图 9-18（b）、（c）、（d）所示的组合体，主、平面图均为图 9-18（a），这两个视图无法确定组合体的形状，只有联系左侧立面图来对照、构思，才能确定各自的形状。因此看图应以正立面图为主，运用投影规律，联系其他视图一起看，才能正确地想象出其立体形状。

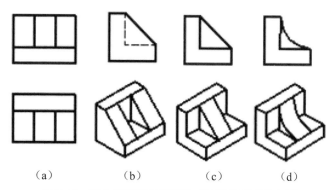

图 9-18 两个视图不能确切地表达物体形状的例子

9.4.1.2 组合体中各基本体的形状与位置特征视图

正立面图是反映组合体形状特征最明显的视图，而构成组合体的各基本体的形状与位置特征则可能表现在其他视图上。

因此，在看这些基本体时，要善于找出各自的形状与位置特征的视图来看图。如图 9-18 所示，它们相异部分的形状特征视图为左侧立面图。

如图 9-19（a）所示，若只看主、俯两视图，组合体上Ⅰ、Ⅱ两部分的凹凸情况不明确，它可设想为图 9-19（b）、（c）两种情况，而结合左侧立面图，即可明确地看出图 9-19（c）是正确的。两部分形状特征较明显的是正立面图，而位置特征明显的则是左侧立面图。

图 9-19 位置特征分析

9.4.1.3 明确视图中封闭线框和图线的含义

（1）视图中每一封闭线框一般为一个表面的投影，也可能是一个孔的投影。下面以图 9-20 为例进行说明：①平面的投影，如图中的 B 面；②曲面的投影，如图中的 A 面；③孔的投影，如图中的 C 孔。

图 9-20　封闭线框和图线的含义

（2）图中的每一条图线，可能有三种含义。①平面或曲面的积聚性投影，如图中的 a；②两表面交线的投影，如图中的 b；③曲面转向轮廓线的投影，如图中的 c。

9.4.2 看图的基本方法

9.4.2.1 形体分析法

这是看视图的基本方法。通常从最能反映零件形状特征的视图（一般为正立面图）着手，按照线框将组合体划分成若干基本形体，然后对照其他视图，运用投影规律，想象出它们的空间形状、相对位置以及连接形式，最后综合想象出组合体的整体形状。

下面以图 9-21 所示的轴承座三视图为例，说明看图的一般方法。

图 9-21　轴承座三视图

（1）按线框、划形体。

将正立面图大致分成Ⅰ、Ⅱ、Ⅲ、Ⅳ四个线框，对照俯、左侧立面图可知它们分别表示轴座的底板、支板、肋板、空心圆柱体四个基本形体。

（2）对投影、想形状。

按投影关系，找出各形体在三视图上的对应投影，想象出它们的形状，如图9-22（a）、（b）、（c）、（d）所示。

（3）定位置、想整体。

在弄清楚各部分形状后，再分析它们之间的相对位置与表面间的连接关系，最后综合起来想象出轴承座的整体形状，如图9-22（e）所示。

（a）　　　　　　（b）　　　　　　（c）　　　　　　（d）

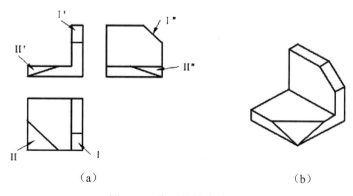

（e）

图9-22　用形体分析法看轴承座视图

9.4.2.2　线面分析法

组合体读图应以形体分析法为主，但有时图形的某一部分难以看懂，可对这些部分作线面分析。线面分析法就是把组合体分解成若干线和面，通过在视图上划线框、对投影，弄清它们的形状及相对位置，进而想象出组合体的空间形状的方法。

如图9-23（a）所示物体，通过形体分析可知，它由底板和直立板堆积而成，但俯视图上长方形线框Ⅰ和三角形线框Ⅱ都是什么面？可用线面分析的方法读图。

（a）　　　　　　　　　　　　　　　（b）

图9-23　线面分析法看图

与三角形线框Ⅱ对应的正面、侧面投影，均分别为三角形线框Ⅱ′和Ⅱ″，故它表示在底板上用一般位置平面Ⅱ切去一斜角三角形。三角形三边分别为水平线、正平线和侧平线。

综上所述，该立体图为上图9-23（b）。

9.4.3 已知两视图补画第三视图

由已知两视图补画第三视图，既包含了看图的过程，又包含了画图的过程，同时也检验了看图的效果，是一个综合性的练习。

例 如图9-24（a）所示，已知支座的主、俯两视图，补画左侧立面图。

解 （1）形体分析 根据主、平面图，可大致将支座分成底板Ⅰ、前立板Ⅱ、后立板Ⅲ三个形体，如图9-24（b）所示。按照投影关系，若不考虑细节，可知三个形体的主要形状及位置。

（a）　　　　　　　　（b）　　　　　　　　（c）

图9-24　补画支座的左侧立面图

（2）线面分析 在底板上的平面图中有一矩形线框 a，对应正立面图上的虚线框 a′，由此可知，底板上挖有矩形方槽，槽底上钻一小孔，槽的前后面与形体Ⅱ、Ⅲ共面。

立板Ⅱ、Ⅲ前后对称，由平面图的直线 b 对应正立面图的虚线 b′可知，两立板左右各切去一角，上部各钻一前后通孔。完整形状如图9-24（c）所示。

（3）画左侧立面图 先按图 9-24（b）画基本形体，然后画矩形方槽、底板小孔，最后画立板切角及圆孔。完成的左侧立面图如图9-25 所示。

图9-25　支座三视图

第 10 章　工程形体的表达方法

本章将应用画法几何中正投影的方法和规律，研究工程制图中如何用图形来表达工程物体，讨论如何用图形来表达工程形体的方法和规律，包含了图形的画法和读法，从而作为表达工程建筑物的基础。为了突出反映表达物体的基本方法和规律，特将工程上的物体稍加简化，抽象成由基本几何形体组成的工程形体。在以后几章中，将进一步研究工程上的具体建筑物，例如房屋和其他工程建筑物的制图内容和表达方法。

10.1　视图

10.1.1　基本视图

三视图在工程实际中往往不能满足需要。对于某些物体，需要画出从物体的下方、后方或右侧观看而得到的视图。如图 10-1（a）所示，就是增设 3 个分别平行于 H、V 和 W 面的新投影面 H_1、V_1 和 W_1，并在它们上面分别形成从下向上、从后向前和从右向左观看时得到的视图，分别称为底面图、后立面图和右侧立面图。这样，总共有 6 个投影图或 6 个视图。然后将它们都展平到 V 面所在的平面上，便得到如图 10-1（b）所示的按投影面展开结果配置的 6 个视图的排列位置。图中每个视图的下方均标注了图名。

一般情况下，如果 6 个视图在一张图纸内并且按图 10-1（b）所示的位置排列，则不必注明视图的名称；如不能按图 10-1（b）配置视图，则应标注出视图的名称，如图 10-2 所示。按图 10-2 所示的方式命名的视图也称为向视图，也通常用 $A,B,C,...$ 来命名。

（a）

图 10-1　6 个基本视图

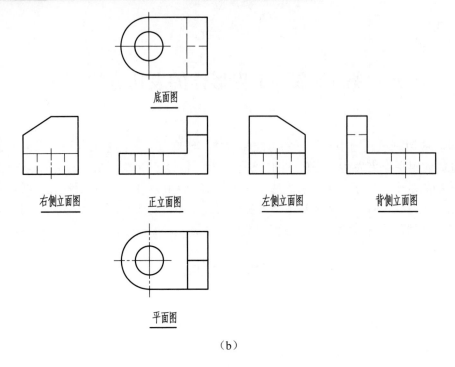

底面图

右侧立面图　　　正立面图　　　左侧立面图　　　背侧立面图

平面图

（b）

图 10-1　6 个基本视图（续图）

（a）　　　　　　　　　　　　　　（b）

图 10-2　投影和向视图

对于建筑物，由于被表达对象较复杂，一般很难在同一张图纸上安排开所有的视图，因此在实际工程中均需标注出各视图的图名称。例如图 10-3 中轴测图表示的一座简单的小房屋，从图中可看出它不同立面的墙面以及门、窗的布置情况都不相同，因此，要完整表达它的外貌，需要画出 4 个方向的立面图和一个屋顶平面图，共采用 5 个视图来描述这座房屋的外貌，本例没有完全按视图的展开位置排列。在房屋建筑工程图样的绘制中，有时把左右两个侧立面对换位置，便于就近对照，即当正面图和两侧立面图同时画在一张图纸上时，常把左侧立面图画在正立面图的左边，把右侧立面图画在正面图的右边。

背立面图

右侧立面图

正立面图

左侧立面图

房屋的轴测图

房屋的多面视图

屋顶平面图

图 10-3　房屋的视图

如果受图幅限制，房屋的各立面图不能同时画在一张图纸上时，就不存在上述排列问题。由于视图下面均注有图名，故不会混淆。

为了区别以后要引入的其他视图，特把上述 6 个面视图称为基本视图，并相应地称上述 6 个投影面为基本投影面。

10.1.2 辅助视图

1. 局部视图

把物体的某一部分向基本投影面投影，所得的视图称为局部视图。

画局部视图时，要用箭头表示它的观看方向，并注上字母，如图 10-4 中的"B"；在相应的局部视图下方标注"B"。

当局部视图按投影关系配置，中间又没有其他图形隔开时，可省略标注。如图 10-5（a）中的平面图也为局部视图。因该平面图的观看方向和排列位置与基本视图的投影关系一致，故不必画出箭头和注写字母。

图 10-4　局部视图

局部视图断裂处的边界线用波浪线表示，如图 10-5 所示的平面图。当所表示的局部结构是完整的，且外轮廓线又成封闭时，则可省略波浪线，如图 10-4 所示的 A 向和 B 向视图。其中 A 向视图为斜视图，因所显示部分有轮廓线可作边界，故也可不画波浪线。

2. 斜视图

向不平行于任何基本投影面的平面观看物体作投影所得的视图，称为斜视图。如图 10-5 所示，物体的右半部分不平行于基本投影面，为了得到反映该倾斜部分实形的视图，可应用画法几何中的辅助投影面法（换面法）来解决，即设置一个平行于该倾斜部分的辅助投影面，得到图中 A 向所示的局部辅助投影，辅助投影反映了这部分的实形，这就是斜视图。工程制图中常用斜视图来表达物体上倾斜结构的实形。

（a）　　　　　　　　　　（b）　　　　　　　　　　（c）

图 10-5　斜视图

　　在物体含倾斜平面所垂直的视图上（如图中正立平面图上），须用箭头表示斜视图的观看方向，并用大写拉丁字母予以编号，如图中"A"所示，并在斜视图下方注写"A"。这些字均沿水平方向书写。斜视图最好沿箭头所指的方向布置，如图 10-5（a）所示；也可随着箭头所指的倾斜结构来布置，如图 10-5（b）所示；甚至必要时允许将斜视图的图形平移布置；或将图形旋转后布置在合适位置，如图 10-5（c）所示，但这时应标注旋转方向的箭头。

　　斜视图只要求表示出倾斜部分的实形，其余部分仍在基本视图中表达，但需用波浪线表示倾斜部分与其他部分的断裂边界；同局部视图一样，斜视图所表达部分结构完整，有封闭轮廓线可作边界时可画出完整要素，不画波浪线。

　　局部视图和斜视图也都属于向视图。

　　3. 旋转视图

　　假想把物体的倾斜部分旋转到与基本投影面平行后，再投射得到的视图，称为旋转视图。

　　如图 10-6 所示物体的右方倾斜部分，可应用画法几何中的旋转法来表示倾斜平面的实形。即假想以该物体的中间圆柱体的（带圆柱孔）轴线作为旋转轴，把右方倾斜部分旋转到水平位置后，这时平面图就能反映了右侧倾斜平面的实形。

　　注意图 10-6 中的正立面图仍须保持原来位置；而平面图中右侧倾斜部分则按旋转成水平位置后的情况画出，圆柱体与右侧部分的交线也按旋转后的位置画出。正立面图中的箭头和双点划线表示旋转过程，也可以省略不画。

图 10-6　旋转视图

　　旋转视图可省略标注旋转方向及字母。

　　图 10-7 为房屋的综合举例，图中除画出房屋的诸视图外还画出了指北针。工程图样中习惯把房屋的大致朝向称为某向立面图，代替前述的正、背、侧等立面图名称。

南立面图　　　　　　　　　　　西立面图

屋顶平面图　　　　　　　　　　东南立面图

图 10-7　房屋的视图

　　图 10-7 中房屋的东南立面图是一个斜视图，因按东南方向投射所得的视图倾斜于基本投

影面，但用"东南"两字已表明了投射方向，故箭头可以省略。

图 10-7 中房屋的西立面图为一局部视图，且写上了反映方向的图名，故也不必画表示投射或观看方向的箭头。

图 10-7 房屋的南立面图的右端，为房屋的右方朝向西南的立面，按旋转法旋转、展开后所得的视图，图中省略了旋转方向的标注。

4. 镜像视图

建筑工程制图新标准中介绍了镜像图示法，即当用直接正投影法绘制不易表达时，可用镜像投影方法绘制。但应在图名后注写"镜像"二字。

把镜面放在物体的下面，代替水平投影面，在镜面中反射得到的图像，则称为"平面图（镜像）"。它和通常投影法绘制平的面图是不同的（虚线变为实线），如图 10-8 所示。

（a）　　　　　　　　（b）

图 10-8　镜像投影法

10.2　剖面图

10.2.1　基本概念

视图能够把物体的外形表达清楚，但是形体上不可见的结构在投影图中需用虚线画出。这样对于内形复杂的建筑物，例如一幢楼房，内部有各种房间、走廊、楼梯、门窗、基础等，如果这些看不见的部分都用虚线来表示，必然导致图面虚线实线交错，混淆不清，既不便于标注尺寸，又容易产生差错。某些构件、配件也存在同样的问题。长期的生产实践告诉我们，解决这个问题的较好办法是假想将形体剖开，让它的内部构造显露出来，使看不见的部分变成看得见，然后用实线画出这些内部构造的投影图。

图 10-9 是钢筋混凝土双柱杯形基础的投影图。这个基础有安装柱子用的杯口，在 V、W 面投影上都出现了虚线。假想用一个通过基础前后对称平面的剖切平面 P 将基础剖开，然后将剖切

图 10-9　双柱杯形基础

平面 P 连同它前面的半个基础移走，将留下来的半个基础投影到与剖切平面 P 平行的 V 投影面上，如图 10-10（a）所示；所得到的投影图称为剖面图，如图 10-10（b）所示。比较图 10-9的 V 投影和图 10-10（b）的剖面图，可以看到，在剖面图中，基础内部的形状、大小和构造（杯口的深度、斜度和杯底）都表示得更清楚。同样，用一个通过左侧杯口的中心线并平行于 W 面的剖切平面 Q 将基础剖开，移去剖切平面 Q 和它左边的部分，然后向 W 面进行投影，如图 10-11（a）所示，得到基础另一个方向的剖面图，如图 10-11（b）所示。

（b）基础的 V 向剖面图

（a）假想用剖切平面 P 剖开基础并向 V 面进行投影

图 10-10　V 向剖面图的产生

（a）假想用剖切平面 Q 剖开基础并向 W 面进行投影　　（b）基础的 W 向剖面图

图 10-11　W 向剖面图的产生

作剖面图时，剖切平面应平行于投影面，从而使断面的投影反映实形。同时，剖切平面还应尽量通过形体上的孔、洞、槽等隐蔽结构的中心线，使形体的内部情形尽量表达得更清楚。剖切平面平行于 V 面时，作出的剖面图称为正立剖面图，可以用来代替原来带虚线的正立面图；剖切平面平行于 W 面时，所作的剖面图称为侧立剖面图，也可以用来代替侧立面图，如图 10-12 所示。

图 10-12　用剖面图表示的投影图

在剖面图中，规定要在剖切平面截切形体形成的断面上画出建筑材料图例，以区分断面（剖到的）和非断面（未剖到的）部分。各种建筑材料图例的绘制必须遵照"国标"的规定，不同的材料用不同的图例，部分材料图例如表 10-1 所示。图 10-10 至图 10-12 的断面上所画的是钢筋混凝土的图例。画出材料图例，还可以使人们从剖面图中知道建筑物使用的是哪种材料。在不需要指明材料时，可以用等间距、同方向的 45°细斜线来表示断面。

表 10-1　材料图例（部分）（GB50001）

砖		玻璃及其他透明材料		混土凝	
自然土壤		木材	纵剖面	钢筋混凝土	
夯实土壤			横剖面	多孔材料	
沙、灰土		木质胶合板（不分层数）		金属材料	

注意： 由于剖切是假想的，所以只有在画剖面图时才假想将形体切去一部分；而在画另一个投影时，还应按完整的形体处理。如图 10-12 所示，虽然在画 V 面的剖面图时已将基础剖去了前半部，但是在画 W 面的剖面图时，仍然要按完整的基础剖开，H 面视图也要按完整的基础画出。

10.2.2　剖面图的几种处理方式

画剖面图时，针对建筑形体的不同特点和要求，有下述几种处理方式。

1. 全剖面图

不对称的建筑形体，或虽然对称但外形比较简单，或在另一个投影中已经将它的外形表达清楚了，可用一个剖切平面将形体全部剖开，然后画出形体的剖面图，这种剖面图称为全剖面图。如图 10-13 所示的房屋，为了表示它的内部布置，假想用一水平的剖切平面，通过门、窗洞将整幢房屋剖开，如图 10-13（a）所示，然后画出其整体的剖面图。不过这种水平剖切的剖面图，在房屋建筑图中称为平面图，如图 10-13（b）中的下图所示。

（a）水平全剖面

（b）平立剖图

（d）透视图

（c）阶梯剖面

图 10-13　房屋的剖面图

2. 阶梯剖面图

若一个剖切平面不能将形体上需要表达的内部构造一起剖开时，可将剖切平面转折成两个（或两个以上）互相平行的平面，将形体沿着需要表达的位置剖开，然后画出剖面图。如图 10-13（b）中的侧立剖面图，如果只用一个平行于 W 面的剖切平面，就不能同时剖开前墙的窗和后墙的窗，这时可将剖切平面转折一次，如图 10-13（c）所示，使一个平面剖开前墙的窗，另一个与其平行的平面剖开后墙的窗，这样就满足了需要。这种剖面图称为阶梯剖面图，阶梯剖切平面的转折处，在剖面图上规定不画分界线。如图 10-13（b）中的 1-1 剖面图。阶梯剖面图也是全剖面图。立剖面图在房屋建筑图中称为剖面图。

3. 旋转剖面

如图 10-14 所示的过滤池形体的 V 投影，是用两个相交的铅垂剖切平面，沿 1-1 位置将池壁上不同形状的孔洞剖开，然后使其中某半个剖面图绕两剖切平面的交线旋转到另半个剖面图形的平面（一般平行于基本投影面）上，然后一起向平行的基本投影面投射，所得的投影图称为旋转剖面。对称形体的旋转剖面，实际上是由

1-1旋转剖面

图 10-14　过滤池的旋转剖面图

两个不同位置的半剖面拼成的全剖面图。

4. 局部剖面图

当完全剖开建筑形体后其外形无法表达清楚时,可以保留原投影图的一部分,而只将形体的局部画成剖面图。如图 10-15 所示,在不影响杯形基础外形表达的情况下,将其水平投影的一个角落画成剖面图,表示基础内部钢筋的配置情况,这种剖面图称为局部剖面图。按"国标"规定,外形投影图与局部剖面之间,要用徒手画的波浪线分界。

图 10-15　杯形基础的局部剖面

图 10-15 为基础的正面投影,已被剖面图所代替。图上已画出钢筋的配置情况,在断面上就不再画钢筋混凝土的图例符号。

图 10-16 为分层局部剖面图,反映楼面各层所用的材料和构造的做法。这种剖面图多用于表达楼面、地面和屋面的构造。

图 10-16　分层局部剖面图

5. 半剖面图

当形体的内外结构都具有对称性(左右或前后或上下)时,可以画出由半个外形投影图和半个内形剖面图拼成的图形，同时表示形体的外形和内部构造，这种剖面图称为半剖面图。例如图 10-17 所示的正锥壳基础，画出半个正面投影和半个侧面投影以表示基础的外形和相贯线，另外各配上半个相应的剖面图表示基础的内部构造。图 10-12 中的双柱杯形基础也可以画成半剖面图。在半剖面图中，剖面图和投影图之间，规定用形体的对称中心线（细点划线）为分界线。通常，当对称中心线是铅直的时，半剖面图画在投影图的右半边；当对称中心线是水平的时，半剖面图画在投影图的下半边。

图 10-17 正锥壳基础的半剖面图

10.2.3 剖面图的标注

为了读图方便，需要在投影图上用剖切符号把剖面图的剖切位置和剖视方向表示出来，同时还要给每一个剖面图加上编号，以免产生混乱。下面是对剖面图的标注方法规定。

1. 剖切符号

用剖切位置线表示剖切平面的剖切位置。剖切位置线就是剖切平面的积聚投影。不过规定它只用两小段粗实线（长度为 6~8mm）来表示，且不许与形体的轮廓线相接触，如图 10-18 所示。

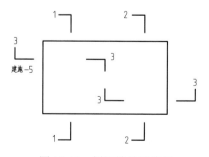

图 10-18 剖切符号和编号

2．剖视方向

剖切后的剖视方向用垂直于剖切位置线的短粗线（长度为4～6mm）来表示，如画在剖切位置线的左面表示向左边投影，如图10-18所示。

3．编号

剖切编号采用阿拉伯数字，按顺序由左至右、由下至上连续编排，并注写在剖视方向线的端部。如剖切位置线必须转折时（阶梯剖），一般应在转角的外侧加注于该符号相同的编号，如图10-18中的"3-3"。

4．省略

习惯性使用的剖切位置（如房屋平面图中通过门、窗洞的剖切）符号和通过构件对称平面的剖切符号，可以省略标注。

5．图名

在剖面图的下方或一侧，写上与该图相对应的剖切符号的编号，作为该图的图名，如"1-1""2-2"等，并在图名下方画上一条等长的粗实线，如图10-18中的（1-1旋转剖面）。

10.2.4　轴测剖视图的画法

在轴测图中，为了表达立体的内部形状，可以假想用剖切平面将立体的一部分切去，通常是沿着两个坐标平面将立体切去四分之一，画成轴测剖视图。

1．轴测剖视图的剖面线的画法规定

在立体被截切后新形成的断面上应画剖面线，正等测轴测图中剖面线的方向按图10-19（a）绘制；正面斜二测图中的剖面线方向按图10-19（b）绘制。

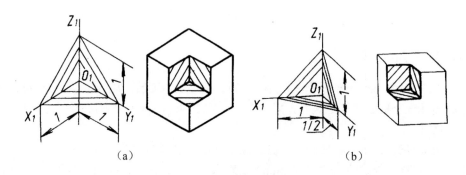

图10-19　轴测图中剖面线的画法

注意：正等测图平行于3个坐标面的断面上的剖面线方向垂直于相应的轴测轴。

2．轴测剖视图的画法举例

画轴测剖视图的方法有两种，一种是先画出物体完整的轴测图，然后沿轴测轴方向用剖切面剖开，画出断面和内部看得见的结构形状，如图10-20所示。另一种方法是先画出断面形状，然后画外面和内部看得见的结构。前者适合初学者，后者适合熟练者，后者在作图过程中可减少不必要的作图线，使作图更为迅速。

图 10-20　轴测剖视图画法

10.3　断面图

10.3.1　基本概念

前面讲过，用一个剖切平面将形体剖开之后，形体上的截口（即截交线）所围成的平面图形，称为断面。如果只把这个断面投影到与其平行的投影面上，所得的投影图表示出断面的实形，称为断面图。与剖面图一样，断面图也是用来表示形体的内部形状的。剖面图与断面图的区别有以下几点：

（1）断面图只画出形体被剖开后断面的实形，如图 10-21（d）中的 1-1 断面、2-2 断面；而剖面图要画出形体被剖开后整个余下部分的投影，如图 10-21（c）所示，除了画出断面外，还画出牛腿的投影（1-1 剖面）和柱脚部分的投影（2-2 剖面）。

（a）柱的外形图　　（b）剖面示意图　　　　（c）剖面图　　　　　（d）断面图

图 10-21　剖面图与断面图

（2）剖面图是被剖开的形体的投影，是体的投影；而断面图只是一个截口的投影，是面的投影。被剖开的形体必有一个截口，所以剖面图必然包含断面图在内。断面图虽然属于剖面图中的一部分，但一般单独画出。

（3）剖切符号的标注不同。断面图的剖切符号只画剖切位置线，不画剖视投射方向线，而用编号的注写位置来表示投射方向。编号写在剖切位置线下侧，表示向下投射；注写在左侧，表示向左投射。

10.3.2 画断面图时的几种处理方式

断面图根据布置位置的不同可分为移出断面图、重合断面图、中断断面图。

1. 移出断面图

画在原来视图以外的断面图，称为移出断面图。如图 10-21 所示的柱子，采用 1-1、2-2 两个断面来表达柱身的形状，这两个断面都是移出断面。移出断面图的轮廓线用粗实线画出，根据断面图例可知柱子的材料是钢筋混凝土。

当移出断面图是对称的，其位置又紧靠原来视图而并无其他视图隔开（即断面图的对称轴线为剖切平面迹线的延长线）时，也可省略剖切符号和编号，如图 10-22 所示。

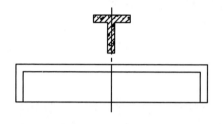

图 10-22　移出断面图例

又如图 10-23（a）是钢筋混凝土梁、柱节点的正立面图和断面图，图 10-23（b）为该节点的轴测图。柱从基础起直通楼面，在正立面图中上、下画了断裂符号，表示取其中一段，楼面梁的左、右也画了断裂符号。因搁置楼板的需要，梁的断面做成十字形，俗称"花篮梁"，花篮梁的断面形状和尺寸由 1-1（移出断面图）表示。楼面上方柱的断面形状为正方形（250×250），由 2-2 断面（移出断面图）表示；楼面下方柱的断面形状也是正方形（350×350），由断面 3-3（移出断面图）表示。断面图中用图例表示柱、梁节点的材料为钢筋混凝土。

（a）

图 10-23　梁、柱节点的立面图、断面图和轴测图

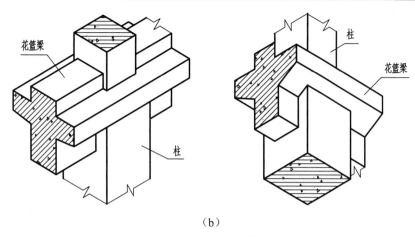

（b）

图 10-23　梁、柱节点的立面图、断面图和轴测图（续图）

2. 重合断面图

重叠画在视图之内的断面图，称为重合断面图。如图 10-24 所示为角钢的重合断面图。

图 10-24　重合断面图例一

为了表达明显，重合断面图轮廓线用细实线画出，这点应特别注意。如图 10-24 所示，原来视图中的轮廓线与重合断面图的图形重合时，视图中的轮廓线仍应完整画出，不应间断，角钢的断面部分画上钢材的图例。

图 10-24 所示的角钢是平放的，假想把切得的断面图绕铅直线从左向右旋转后重合在视图内。重合断面在实际应用中可省略任何标注。

图 10-25（a）是用重合断面图在平面图上表示工业厂房屋顶的坡度；图 10-25（b）是用重合断面图在平面图上表示钢筋混凝土屋顶结构的断面形状。图 10-26 是用重合断面图在立面图上表示墙壁立面上部分装饰花纹的凹凸起伏情况，图中右边小部分没有画出断面是为作对比。

（a）

（b）

图 10-25　重合断面图例二

图 10-26　重合断面图例三

3．中断断面图

绘制细长构件时，常把视图断开，并把断面图画在中间断开处，称为中断断面图。图 10-27（a）是用中断断面图表示花篮梁的断面形状。图 10-27（b）为一钢屋架图，也是用中断断面图表达各杆件两根角钢的组合情况。中断断面图直接画在视图内的中断位置处，因此也省略剖切符号及标注。

（a）

（b）

图 10-27　中断断面图示例

10.4　简化画法

为了节省绘图时间，或由于绘图位置不够，建筑制图国家标准允许在必要时采用下列简化画法。

1．对称简化

对称的图形可只画一半，但要加上对称符号。如图 10-28（a）所示是锥壳基础平面图，因它左右对称，只画左半部，并在对称轴线的两端加上对称符号，如图 10-28（b）所示。对称线用细点划线表示。对称符号是用两条相互平行且垂直于对称中心线的短细实线表示，其长度为 6～10mm。两端的对称符号到图形的距离应基本相等。

由于圆锥壳基础的平面图不仅左右对称，而且前后对称，因此还可以进一步简化，只画出四分之一，同时须增加一组水平的对称符号，如图 10-28（c）所示。

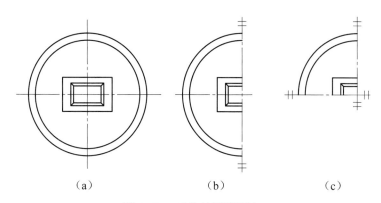

| （a） | （b） | （c） |

图 10-28　对称的图形画法一

对称的图形可只画一大半时（稍稍超出对称线之外），可加上用细实线画出的折断线或波浪线，如图 10-29（a）中的木屋架图和图 10-29（b）中的杯形基础图。注意，此时无须加对称符号。

对称的构件需要画剖面图时，也可以用对称线为界，一边画外形图，另一边画剖面图。这时需要加对称符号，如图 10-29（c）中的锥壳基础。

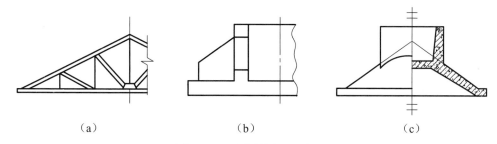

| （a） | （b） | （c） |

图 10-29　对称的图形画法二

2. 相同要素简化

如果建筑物或构配件的图形上有多个完全相同且连续排列的构造要素，可以仅在排列的两端或适当位置画出其中一两个要素的完整形状，然后画其余要素的中心线或中心线交点，以确定它们的位置。例如图 10-30（a）中的混凝土空心砖和图 10-30（b）中的预应力空心板。图 10-31 是一段砌上 8 件琉璃花格的围墙，图上只需画出其中一个花格的形状就可以了。

3. 长件短画

较长的杆状构件，可以假想将该构件折断其中间一部分，然后在断开处两侧加上折断线，如图 10-32（a）所示的柱子。

4. 类似构件简化

如果一个构件与另一构件仅部分不相同，该构件可以只画不同的部分，但要在两个构件的相同部分与不同部分的分界线上，分别画上连接符号。两个连接符号应对准在同一线上，如图 10-32（b）所示。

图 10-30　相同要素简化画法一

图 10-31　相同要素简化画法二

图 10-32　折断简化画法

第11章 标高投影

建筑物总要和地面发生关系，因此常常需要表达地面的形状绘制地形图。地面的形状比较复杂，毫无规则，而且平面方向的尺寸比高度方向的尺寸大得多，如仍采用前述的多面正投影来表达地面形状，不仅作图困难，而且不易表达清楚。在生产实践中，人们总结出了与地面形状相适应的表达方法——标高投影。

用两个投影表示物体时，当确定水平投影之后，正面投影只起到提供形体各部分高度的作用。因此，如果已知形体上有关点和线的高度只用一个水平投影，也可以完全确定该形体在空间的形状和位置，方法就是在水平投影上标注高度值。标高投影是在物体的水平投影上加注某些特征面和线，以及控制点高程数值和比例的单面正投影。

11.1 点和直线的标高投影

11.1.1 点的标高投影

如图 11-1（a）所示，设点 A 位于已知水平面 H 的上方 3 单位，点 B 位于 H 上方 5 单位，点 C 位于 H 下方 2 单位，那么，在 A、B、C 的水平投影 a、b、c 旁注上相应的高度值 3、5、-2，即得点 A、B、C 的标高投影图，如图 11-1（b）所示。这时，点的高度值 3、5、-2 称为点的标高。

根据标高投影确定上述点 A 的空间位置时，可由 a_3 引垂直于基准面 H 的线，然后在此线上自 a_3 起按一定比例尺往上度量 3 单位，得点 A；对于点 C，则应自 c_{-2} 起往下度量 2 单位。由此可见，要充分确定形体的空间形状和位置，在标高投影图中还必须附有一个比例尺，并注明刻度单位，如图 11-1（b）所示。标高投影图常用的单位为米（m）。

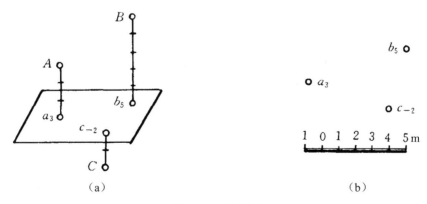

|（a）| |（b）|

图 11-1 点的标高

通常选定某一水平面（H）作为基准面，它的标高为零，高于基准面的标高为正，低于基准面的标高为负。为了实际应用方便，选择基准面时，最好使各点的标高都是正的；如果结合到地形测量，则应以青岛市外黄海海水平面作为零标高的基准面。

11.1.2 直线的标高投影

在直线的 H 投影 ab 上标出它的两个端点 a 和 b 的标高，例如 a_3b_5（见图 11-2）就是直线 AB 的标高投影。

求直线 AB 的实长及其与基准面的倾角。可用换面法的概念，即过 AB 作基准面 H 的垂直面 V_1，将 V_1 面绕其与 H 面的交线 a_3b_5 旋转，使 V_1 面与 H 面重合。作图时，只要分别过 a_3 和 b_5 引线垂直于 a_3b_5，如图 11-3 所示，并在所引垂线上按比例尺分别截取相应的标高数 3 和 5，得点 A 和 B。AB 的长度就是所求实长，AB 与 a_3b_5 间的夹角 α 就是所求的倾角。

图 11-2　直线的标高投影　　　　图 11-3　直线的实长和倾角

直线的刻度就是在直线的标高投影上标出整数标高的点。进行刻度时，仍采用换面法。例如图 11-4 中，已知直线 AB 的标高投影 $a_{3.7}b_{7.8}$，则在任意位置处作一条 $a_{3.7}b_{7.8}$ 的平行线，作为标高等于 3 的整数标高线，然后等间距顺次作出标高等于 4m,…,8m 的整数标高线。自点 $a_{3.7}$、$b_{7.8}$ 引线垂直于 $a_{3.7}b_{7.8}$，在所引线上，结合各整数标高线，按比例插值定出点 A 和 B。连接 AB，它与整数标高线的交点Ⅳ、Ⅴ、Ⅵ、Ⅶ就是 AB 上的整数标高点。过这些点向 $a_{3.7}b_{7.8}$ 引垂线，各垂足 4、5、6、7 就是 $a_{3.7}b_{7.8}$ 上整数标高的点。不难看出，这些点之间的距离是相等的。如果所作的一组等高线的距离均按给定比例尺量取，则可同时得到 AB 的实长和 AB 对 H 面的倾角。

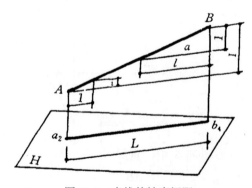

图 11-4　直线的刻度　　　　　　图 11-5　直线的坡度间距

直线的坡度 i，如图 11-5 所示，就是当其水平距离为一单位时的高差；直线的间距 l，就是当高差为一单位时的水平距离。例如已知直线 AB 的标高投影 a_2b_4，a_2b_4 的长度即 AB 两点

间的水平距离为 L，AB 两点的高差为 I，则直线的坡度

$$i = \frac{I}{L} = \tan\alpha$$

直线的间距

$$l = \frac{L}{I} = \cot\alpha$$

由此可见，直线的坡度与间距互为倒数。也就是说，坡度越大，间距越小；坡度越小，间距越大。

在图 11-5 中，量得 a_2b_4 的长度 $L=6$，AB 间的高差 $I=4–2=2$，于是 $i =1/3$。

直线的标高投影经刻度后，单位标高刻度之间的距离就是一个间距。

直线的标高投影的另一种形式是在直线的 H 投影上只标出线上一个点的标高，并注上坡度，画上表示直线下坡方向的箭头，如图 11-6 所示。

图 11-6　直线的标高投影的另一形式

例　试求图 11-7 所示直线上一点 C 的标高。

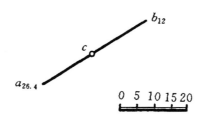

图 11-7　求直线上 C 点的标高

解　本题可用图 11-4 所示的图解法来解，此外还可用数解法来解。

先求 i 或者 l，按比例尺量得 $L=36$，经计算得 $I=26.4–12=14.4$，则：

$$i = \frac{I}{L} = \frac{14.4}{36} = \frac{2}{5} \quad \left(\text{或 } l = \frac{L}{I} =2.5\right)$$

然后按比例量得 ac 间的距离为 $L=17$，则根据 $i =I/L$ 得 $I=6.8$；于是，C 点的标高应为 $26.4–6.8=19.6$。

可以根据两直线的标高投影，在适当的位置作出两直线的辅助投影，来判别两直线的相对位置。

例如图 11-8 中，直线 AB 与 EF 平行，AB 与 CD 相交于点 K，CD 与 EF 交叉。由于所引辅助投影面是平行于 AB 和 EF 的，如果 AB、EF 与 CD 垂直，它们的垂直关系就会反映在辅助投影上。要注意所引的整数标高线必须按比例尺画出。

图 11-9 中，两直线的标高投影平行，上升或下降方向一致，而且坡度或间距相等，则两直线平行。

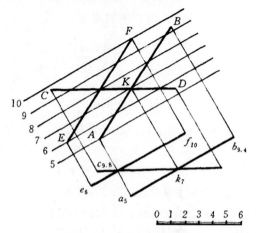

图 11-8　直线的相对位置

又如图 11-10 中，两直线的标高投影相交，经计算知两直线交点处的标高相同，则两直线相交；否则，它们是交叉的。

图 11-9　两直线平行　　　　　　　　　　　　图 11-10　两直线相交

11.2　平面及平面体的标高投影

11.2.1　平面的标高投影

平面的标高投影，可以用不在同一直线上的三个点、一直线和线外一点、两相交直线或两平行直线等的标高投影来表示。在标高投影中，还有另一些特殊表示法。

图 11-11 画出一个由平行四边形 $ABCD$ 表示的平面 P。图中 AB 位于 H 面上，它是 P 面与 H 面的交线 P_H。如果以一系列平行于基准面 H 的水平面截割平面 P，则得到 P 面上一组水平线 I-I、II-II 等，称为等高线，它们的 H 投影为 1-1、2-2 等；等高线的 H 投影也常简称为等高线。平面 P 的等高线都平行于 PH；如果水平截平面间的距离相等，则等高线的间隔相等；如果水平截平面间的距离为一个单位，则等高线 H 投影的间隔即为平面的间距。

在 P_H 上取任一点 E，作平面 P 的最大斜度线 EF。EF 的 H 面投影 E_f 垂直于 PH。直线 Ef 的间距与平面 P 的间距相等。在标高投影中，把画有刻度的最大斜度线标注为 P_i，称为平面 P 的坡度比例尺。坡度比例尺垂直于平面的等高线，它的间距等于平面的间距，因而可以用坡度

比例尺 P_i 表示平面 P，如图 11-12（a）所示；根据坡度比例尺，可作出平面的等高线，如图 11-12（b）所示。

图 11-11　平面的标高投影

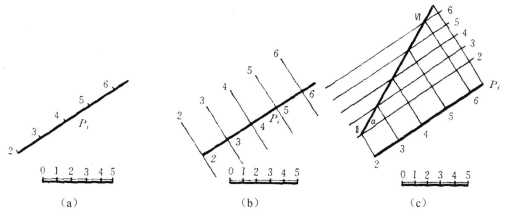

（a）　　　　　　　　　　（b）　　　　　　　　　　（c）

图 11-12　坡度比例尺

平面上最大斜度线与其 H 投影之间的夹角 α，就是平面对 H 的倾角。如果给出 P_i 和比例尺，就可以用图 11-12（c）的方法求出倾角 α。先按比例尺作出一组平行于 P_i 的整数标高线，然后在相应标高线上定出点 Ⅱ 和 Ⅵ，连 Ⅱ Ⅵ，它与 P_i 的夹角就是平面 P 的倾角。此作法实质上是作出最大斜度线在过 P_i 而垂直于平面 P 的辅助投影面（⊥ H）上的辅助投影。

　　例　如图 11-13（a），已知一平面 Q 由 $a_{4.2}$、$b_{7.5}$、c_1 三点所给定，试求平面 Q 的坡度比例尺。

　　解　只要先作出平面的等高线，就可以画出 Q_i。为此，先连接各边，并在各边上刻度。然后连接邻边同一标高的刻度点，得到等高线。再在适当位置引线垂直于等高线，即可作出 Q_i，如图 11-13（b）所示。

　　平面的另一种表示法如图 11-14 所示，即画出平面 P 与 H 面的交线 PH[图 11-14（a）]或画出平面的一根等高线[图 11-14（b）]，然后画出与它们垂直的箭头表明下坡方向，并注明坡度。

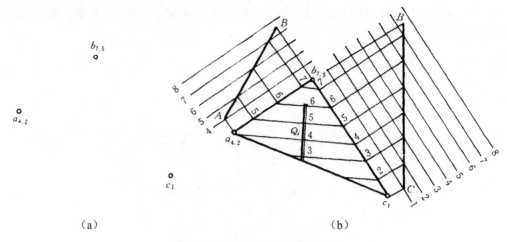

（a）　　　　　　　　　　　（b）

图 11-13　作平面 Q 的坡度比例尺

两平面可以平行或相交。若两平面 P 和 Q 平行，则它们的坡度比例尺 P_i 和 Q_i 平行，间距相等，而且标高数字增大或减小的方向一致，如图 11-15 所示。

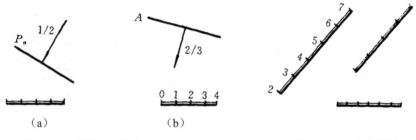

图 11-14　平面的一种表示方法　　　　　　图 11-15　两平面平行

若两平面相交，则仍用引辅助平面的方法求它们的交线。在标高投影图中最方便引用的辅助面是标高为整数的水平面，如图 11-16（a）所示。这时，所引辅助平面与已知平面 P、Q 的交线，分别是两已知平面上相同整数标高的等高线，它们必然相交于一点。如引两个辅助平面，可得两个交点，连接起来即得交线。

（a）　　　　　　　　　　　　（b）

图 11-16　求两平面的交线

这个概念可以引伸为：两面（平面或曲面）上相同标高等高线的交点连线，就是两面的交线。作图方法如图 11-16（b）所示，在坡度比例尺 P_i 和 Q_i 上分别作等高线 10 和 13，a_{13} 和 b_{10} 的联线即为平面 P 和 Q 的交线的标高投影。

例　需要在标高为 5m 的水平地面上堆筑一个标高为 8m 的梯形平台。堆筑时，各边坡的坡度如图 11-17（a）所示，试求相邻边坡的交线和边坡与地面的交线（即施工时开始堆砌的边界线）。

解　可用图解法或数解法先求出各边坡的间距 $l_{1/3}$、$l_{2/3}$、$l_{3/2}$。如用图解法，可在给出的比例尺上进行，如图 11-17（a）所示，然后按求得的间距作出各边坡的等高线，分别平行于平台各边。相邻边坡的交线是一直线，就是其相同标高等高线的交点连线，标高为 5 的 4 根等高线，就是各边坡与地面的交线，如图 11-17（b）所示。

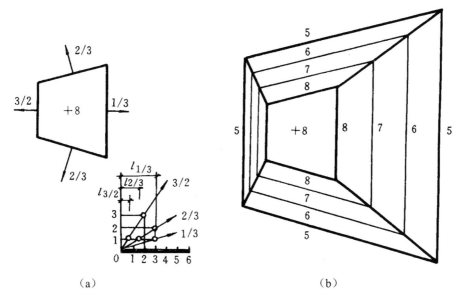

（a）　　　　　　　　　　　　　　　（b）

图 11-17　梯形平台的标高投影（图中单位：m）

11.2.2　平面体的标高投影

在标高投影中，立体的表达通常都用画出立体上相邻表面的交线、画出立体与地面的交线以及立体上的平面或曲面的等高线的方法。平面体的表示法如图 11-17（b），曲面体的标高投影下节中再作讨论。

11.3　曲面体及同斜曲面的标高投影

11.3.1　曲面体的标高投影

曲面体的表示方法与平面体相同，画出其表面的等高线及其与地面的交线即可。如图 11-18 所示为一正圆锥和一斜圆锥的标高投影，它们的锥顶标高都是 5，都是假设用一系列整数标高的水平面切割圆锥，画出所有截交线的 H 投影，并注上相应的标高（即画出等高线）。图 11-18（a）

是正圆锥的标高投影，各等高线是同心圆，通过锥顶 S_5 所引的各锥面素线间距相等。

图 11-18（b）是斜圆锥的标高投影，等高线是异心圆，过锥顶 f_5 所引各锥面素线，它们的间距除关于过锥顶的正平面对称的素线外均不相等。间距最小的锥面素线就是锥面的最大斜度线。

图 11-18 圆锥的标高投影

山地一般是不规则曲面，其表示法同上，即以一系列整数标高的水平面截切山地，把截得的等高截交线正投影到水平面上，得一系列不规则形状的等高线，注上相应的标高值。图 11-19 下方就是一个山地的标高投影图，称为地形图。看地形图时，要注意根据等高线间的间距去想象地势的陡峭或平缓程度，根据标高的顺序来想象地势的升高或下降。

图 11-19 山地的标高投影

如果以一个铅垂面截切山地，可作出山地与平面的截交线（工程上称之为断面图），如图 11-19 所示的 Ⅰ-Ⅰ 断面（通常将断面设为正平面）。为作断面图，可先作一系列等距线作为整数等高线的正投影，然后从断面位置 Ⅰ-Ⅰ 与地面等高线的交点引铅直联系线，在相应标高线的正投影上定出各点，按标高顺序连接正投影中的各点，即得山地的断面图。断面处山地的起伏情况可从该断面图上形象地反映出来，如图 11-19 上图所示。

11.3.2 同斜曲面的标高投影

如果曲面上各处最大斜度线的坡度都相等，这种曲面称为同斜曲面（或称为同坡曲面）。正圆锥面、弯曲的路堤或路堑的边坡面，都是同斜曲面。

图 11-20 表示同斜曲面的作图法。设有一弯曲斜路面，其两侧边界都是空间曲线。要求通过其中一根曲线 $A_0-B_1-C_2-D_3$ 作一边坡面，坡面的最大坡度是 2/3。从图 11-20（a）中以看出，如果分别以 B_1、C_2、D_3 为锥顶，作素线坡度为 2/3 的正圆锥，则过曲线 $A_0-B_1-C_2-D_3$ 并与各正圆锥同时相切的曲面就是一个同斜曲面。这时，同斜曲面上的等高线与各正圆锥面上相同标高的等高线相切，同斜曲面与各正圆锥面的切线 B_1b_0、C_2c_0、D_3d_0 都是同斜曲面上的最大斜度线。它们的坡度都是 2/3。作图方法如图 11-20（b）所示。

当斜路面两侧的边界线是直线时，作边坡面的方法亦与上述相同。所作边坡面是一平面。

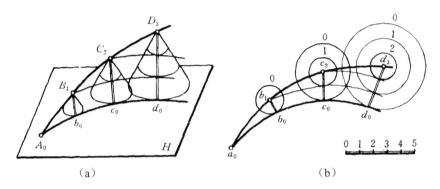

图 11-20 同斜曲面的标高投影

例 11-4 拟用一倾斜的直路面 *ABCD* 连接标高为零的地平面和标高为 4 的平台，如图 11-21（a）所示，斜路面两侧的边坡坡度为 1/1，平台的边坡坡度为 3/2，试作标高投影图。

图 11-21 斜坡路面的标高投影图

解 先在比例尺上用图解法求各边坡的间距，其次对边坡边界线进行刻度，并在斜路面上作出等高线。平台边坡的等高线作法与图 11-17 相同。斜路面两侧的边坡平面是同斜曲面的一种特殊情况，作法与同斜曲面基本相同，先分别以刻度点 e_1、f_2、g_3、b_4 为圆心作素线坡度为 1/1 的正圆锥的标高投影，然后引直线与各圆锥面的相同标高等高线相切，便得边坡的等高线。

由于斜坡路面的边坡是平面边界坡，等高线都是平行的直线，故作法可以简化。如对斜路面另一侧边坡，只要以 a_4 为圆心作正圆锥面上标高为 0 的等高线，然后过 d_0 引直线与它相切，即得边坡上标高为零的等高线。分别过点 H_1、i_2、j_3 引线与它平行，即得边坡上标高为 1、2、3 的等高线。

最后求相邻边坡的交线 b_4n_0 和 a_4m_0，所得标高投影如图 11-21（b）所示。

图 11-22 是将上图的直斜路面改为弯斜路面后的标高投影图。路面的中心线是一根正圆柱螺旋线，弯曲角为 90°，路面宽度为 6 单位，各边坡坡度同前。作图方法请对照图 11-20 和图 11-21 分析，此处从略。所作弯斜路面的等高线如图 11-22 所示。

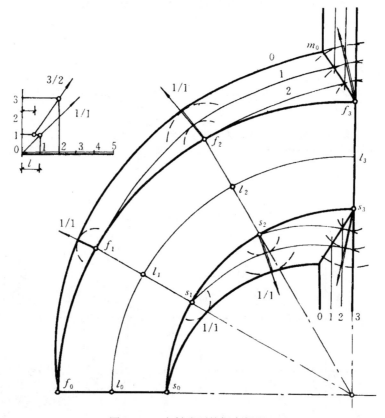

图 11-22　弯斜路面的标高投影

11.4　标高投影的应用举例

本节将结合实际，举例说明标高投影在地形问题上的应用。

例 11-5　如图 11-23 所示，求一段直铁路隧道线 $a_{19.7}b_{20.7}$ 与山坡的交点。

分析　把直线 AB 看作是铁道线的中心线，则所求交点就是隧道的进出口。

图 11-23　求直线与山地的交点

解　由求直线与立体表面贯穿点的方法，过直线 AB 作一垂直于 H 面的辅助平面，求辅助平面与地面的交线，即得山地断面图。根据 AB 的标高在断面图上作出直线 AB，它与山地断面的交点 I、J、K、L 就是所求交点。最后画出各交点的标高投影。

例 11-6　如图 11-24 所示，拟在山坡上修筑一水平场地。场地标高为 25，场地形状和范围已知。设填土边坡坡度为 1/1，挖土边坡坡度为 3/2，试决定填土和挖土的范围线以及相邻边坡的交线。

图 11-24　求作场地的边坡

解　因为场地的标高为 25，所以山坡的等高线 25 以北有部分山坡应该挖去，以南则有部分山坡应填起来。场地修好之后，整个场地的标高为 25，所以挖方边坡和填方边坡是从场地周界开始的。场地北面有 3 个挖方边坡，坡度为 3/2；南面有 3 个填方边坡，坡度为 1/1。所有这些边坡与地面的交线，就是挖土和填土的施工范围线。

首先求各边坡的间距，并作出各边坡的整数标高等高线，注上相应的标高。场地东西两侧的边坡都是平面，它们都与标高为 25 的场地边线平行。其次求边坡与地面相同标高等高线的交点，一般都有两个交点。最后将求得的交点按标高的顺序（递增或递减）连接起来。场地南北两侧的边坡是正圆锥面，等高线分别是两个同心圆。

然后求各边坡与地面的交线和相邻边坡的交线，即求出相同标高的等高线的交点并连线。作图时要注意：相邻边坡的施工范围线的交点应是相邻边坡的一个公共点，应位于相邻边坡的交线上，它们是相邻两个边坡面和地面三个面的交点，参看图中的 a、b、c、d 四点。最后画边坡符号，按规定画在坡顶边界处。

第 12 章　道路工程图

　　道路是一种供车辆行驶和行人步行的带状结构物。道路根据它们不同的组成和功能特点，可分为公路和城市道路两种。联结城市、乡村的道路称为公路，位于城市范围以内的道路称为城市道路。

　　道路路线是指道路沿长度方向的行车道中心线，也称道路中心线、路中心线、道路中线或路中线。由于地形、地物和地质条件的限制，道路路线的线形在平面上由直线和曲线段组成，在纵面上由平坡和上、下坡段及竖曲线组成。因此从整体上来看，道路路线是一条空间曲线。

　　道路路线设计的最后结果是以平面图、纵断面图和横断面图来表达。由于道路建筑在大地表面狭长地带上，道路竖向高差和平面的弯曲变化都与地面起伏形状紧密相关，因此道路工程图的图示方法与一般的工程图不同，它是以地形图和道路中线在水平面上的投影图作为路线平面图；用一曲面沿道路中心线铅垂剖切后，再展开在一个 V 面平行面上投影的断面图作为立面图；沿道路中心线上任意一点（中桩）作法向剖切平面所得的横断面图作为侧面图（如图 12-1 所示）。这三种图都各自画在单独的图纸上，表达道路的空间位置、线形和尺寸。

图 12-1　平面、纵断面和横断面图的图示法

　　路线设计是指做确定路线的平、纵、横三向各部位的尺寸、材料和构造等细致工作。

　　本章着重介绍道路工程的公路路线、城市道路路线、路线交叉、交通工程及沿线设施等工程的施工图的内容、图示特点、读图和绘图方法。道路、桥梁、隧道与涵洞工程图都应遵循《道路工程制图标准》（GB 50162－1992）及其他有关标准的规定。

12.1 公路路线工程图

公路是一种主要承受汽车荷载反复作用的带状工程结构物。公路的基本组成部分包括路基、路面、排水、桥梁、涵洞、隧道、路线交叉、交通工程及沿线设施等构造物。因此公路路线工程图是由表达线路整体状况的路线工程图和表达各工程实体结构的桥梁、隧道、涵洞等工程图组成的。

公路路线工程图包括路线平面图、公路平面总体设计图（用于高速公路和一级公路）、路线纵断面图、路基横断面图等工程图样。

12.1.1 路线平面图

路线平面图的作用是表达路线的方向、平面线形（直线和左、右弯道），以及沿线两侧一定范围内的地形、地物情况。

图 12-2 为公路 K1+ 620 至 K2+ 215 路段的路线平面图，其内容包括沿线地形、地物、路线和平曲线要素表。

1. 地形部分

（1）为了清晰地表示图样，根据地形起伏情况的不同，地形图采用不同的比例。一般在山岭区采用 1:2000，丘陵和平原区采用 1:5000。本图比例系采用 1:2000。

（2）为了表示地区的方位和路线的走向，地形图上需画出坐标网格或指北针。本图采用坐标网格，图中 的十字线表示坐标网格的交点，并标注东（E）、北（N）方向的坐标值，即交点坐标为距坐标网原点东 54600 单位、北 86800 单位（m）。

（3）路线所在地带的地形图一般用等高线和图例表示。表示地物常用的平面图图例如表 12-1 所示。

由图 12-2 可以看出，两等高线的高差为 2m，图的左、中和右上方有三座小山峰，山峰之间有梯田、鱼塘及水库等。西面和西南面地势较平坦，有果园、藕塘、鱼塘和水稻田。图中还表示了村庄房屋、入户低压电力线、连接村庄的小道等的位置。

2. 路线部分

（1）路线平面图所采用的绘图比例较小（本图为 1:2000），公路的宽度未按实际尺寸画出，在路线平面图中，路线是用粗实线沿着路线中心表示的。

（2）路线的长度用里程表示，里程桩号标注在道路中线上，并规定里程由左向右递增。路线左侧设有"❶"标记表示公里桩。公里桩之间沿路线前进方向的右侧（或左侧，本图为左侧），用垂直于路线的短细线标记表示百米桩。按道路工程制图标准规定，数字写在短细线端部，字头朝向上方。

里程桩号亦称中桩，是按一定的间隔、沿公路中线走向、钉入地面上的一系列木（或竹）桩，桩上面写有桩号，表示该点距路线起点的水平距离。如图 12-2 所示，该段路线起始桩号是 Kl+620.00，右方终止桩号是 K2+212.00，K 后第 1 个数表示公里整数，由此可算出本段路线长 2215-1620=595（m）。在桩号 K1+620.00 与 K2 之间注有 7、8、9 三个数字，表示百米桩号，即 K1+700、K1+800 等。

图 12-2 路线平面图

平曲线要素表								
JD	桩 号	$\Delta(°\ '\ ")$		R (m)	Ls (m)	T (m)	L (m)	
NO.		ΔL	ΔR					
2	K2+014.913	30 38 43		1000	202.500	375.667	737.361	

×××公路建设开发总公司	公路路线平面图	图 号
第×合同段×公司	比 例: 1:2000	S2-3
×××高速公路	日 期: 2002.09	
××× 市		×省设计院

表 12-1　平面图的常用图例

名称	符号	名称	符号	名称	符号
路中线		铁路		水沟	
水准点	BM编号/高程	公路		河流	
导线点	编号/高程	大车道		房屋	独立成片
交角点	JD编号	桥梁涵洞		高压电线低压电线	
通讯线		坎		小路	
里程桩号		晒谷场		坟地	
水田		用材林		变压器	
旱田		围墙		经济林	
菜地		路堤		等高线冲沟	
水库鱼塘		路堑		石质陡崖	

（3）路线的平面线形简称平曲线。它由直线、圆弧曲线（简称圆曲线）和缓和曲线组成，这三者称为路线平面线形三要素。对于曲线型路线的公路转弯处，将公路中线的直线段延长线的交点标记为 JD，并按前进方向将交点编号为 $JD_1 \sim JD_n$。交角 α 为偏角（α_z 为左偏角，α_Y 为右偏角），它是沿路线前进方向向左或向右偏转的角度。还有曲线设计半径 R、切线长 T、曲线全长 L、外距 E，缓和曲线长 L_s，这些平曲线要素必须填入路线平面图的平曲线要素表中（图12-2 下方）。在每个交点处设置曲线，路线平面图中对曲线还需标出曲线七点：圆曲线与直线的切点标记为 ZY（直圆）和 YZ（圆直），圆曲线中心点标记为 QZ（曲中）（图 12-3）。如果设置缓和曲线，它与直线的切点标记为 ZH（直缓）和 HZ（缓直），将圆曲线与缓和曲线的切点标记为 HY（缓圆）和 YH（圆缓）。

（4）图中还标出了导线点 □ 和控制标高的水准点 ⊗ 编号和位置。如 $\square \dfrac{D08}{85.28}$ 表示第 8 号导线点，其高程为 85.28m；$⊗ \dfrac{BM2}{69.854}$ 表示第 2 号水准点，其高程为 69.854m。

3．画路线平面图应注意的几点

（1）先画地形图，然后画路线中心线。地形图用等高线表示，等高线按先粗后细步骤徒手绘出，要求线条顺滑。一般每 5 条等高线绘一条中实线，其他四条用细实线绘制。路线平面图是指包括路中线在内的带状地形图，测绘宽度一般为路中线两侧 100～200m。对 1:5000 的地形图，测绘宽度每侧不应小于 200m。

图 12-3　平曲线要素

（2）路线平面图应从左向右绘制，桩号为左小右大。路线中心线用绘图仪器按先曲线后直线的顺序画出。为了使中心线与等高线有显著的区别，一般用 1.4b 的加粗粗实线画出路线中心线。

将坐标 E、N 值按比例精确地绘在相应的位置上。标注平曲线主要要素点、公里桩和百米桩的位置，以及本张图纸中路线的起点和终点里程桩号等。

（3）平面图的植物图例应朝上或向北绘制。每张图纸的右上角应有角标，注明图号、图纸序号及总张数，如图 12-2 中右上角角标中图号 S3-2，共 9 页、本页是第 4 页。

（4）平面图中字体的方向应根据图标的位置来定。

此外由于公路路线具有狭长曲线的特点，需要分段画在若干张图纸上。使用时可以将图纸拼接起来。路线分段应在直线部分，最好取整数桩号断开，断开的两端均应以细点画线垂直于路线画出接图线（图 12-4）。

图 12-4　路线平面图拼接

4. 公路平面总体设计图

高速公路和一级公路的总体设计文件中应绘制公路平面总体设计图。图中应绘出地形、地物、导线点，标出坐标网格、路线位置、桥梁、涵洞、隧道、路线交叉、沿线排水系统及主要沿线设施的布置等。路线位置应标出桩号、断链、路中心线、路基边线、坡脚或坡顶线及示坡曲线的主要桩位。比例尺为 1:1000 或 1:2000。图 12-5 所示为某公路的一段平面总体设计图。图中除表示出地形（用疏密不同的等高线表示）、地物、坐标网格外，还表示出公路的宽度和路中心线（用细单点长画线表示）、路基边线和示坡线（用长短相间的细线表示，短细线所在的一边为高，反之为低）、排水系统水流方向及涵洞的位置（图中用两根虚线表示之处）。该公路按四车道一级公路设计，路基宽 26m，每一幅车行道宽 2×3.75m，行车速度 100km/h。

图 12-5　公路平面总体设计图

12.1.2 路线纵断面图

路线纵断面图是通过公路中心线用假想的铅垂面进行剖切展平后获得的，如图12-6所示。由于公路中心线是由直线和曲线组成的，因此剖切的铅垂面既有平面又有柱面。为了清晰地表达路线纵断面情况，采用展开的方法将断面展平成一平面，形成路线纵断面图。

图 12-6 路线纵断面形成示意图

路线纵断面图的作用是表达路线中心纵向线形以及地面起伏、地质和沿线设置构造物的概括，路线平面图和纵断面图结合起来即可确定路线的空间位置。

图12-7为某公路 K1+420～K2+160 段的路线纵断面图。纵断面图包括高程标尺、图样和资料表（测设数据）三部分内容。一般图样应绘在图幅上方，资料应以表格形式布置在图幅下方，高程标尺应布置在资料表的上方左侧。

1. 图样部分

（1）路线纵断面是用展开剖切方法获得的断面图，图样的长度表示路线的长度。在图样中，水平方向表示长度，竖直方向表示高程。

（2）路线和地面的高差比线路的长度小得多，为了清晰显示竖直方向的高差，规定竖直方向的比例按水平方向的比例放大10倍。一条公路纵断面图有若干张，应在第一张图的图标内标注竖、横向所采用的比例。图12-7中，横向比例为1:2000，而竖向比例则为1:200。

（3）图样中不规则的细折线表示设计中心线处的纵向地面线，它是根据一系列中心桩的地面高程连接而成的，反映出路中线之上或以下的地貌。

（4）图中的粗实线为公路纵向设计线，它表示路中线或路基边缘的设计高程。比较设计线与地面线的相对位置，可确定填、挖地段和填、挖高度。

在设计线纵坡变更处即变坡点，应按《公路工程技术标准》（JTG B01－2003）的规定设置竖曲线，以利于汽车行驶。竖曲线分为凸形和凹形两种，分别用"凸"和"凹"符号表示，并在其上标注竖曲线要素：曲率半径 R、切线长 T 和外距 E。变坡点用直径为 2mm 的中粗线圆圈表示，《道路工程制图标准》规定的粗、中、细切线采用细虚线表示。图12-7路线纵断面图上方，在 K1+460 处设有 $R=10000m$ 的凸形曲线，该竖曲线的中点高程为 74.5m。

（5）当路线上设有桥梁、涵洞、立体交叉和通道等人工构造物时，应在其相应设计里程和高程处，按图例绘制并注明构造物的名称、种类、规格和中心里程桩号。如图12-7所示，该段路线内有三处设置了钢筋混凝土圆管涵，用"○"符号表示，其中在 K1+752 处的圆管涵直径为 1.5m，在 K1+940 和 K2+100 处的圆管涵直径均为 1.25m。此外还设置了箱形的盖板涵和盖板型通道（人行通道），其位置和尺寸在图上已清晰注明。

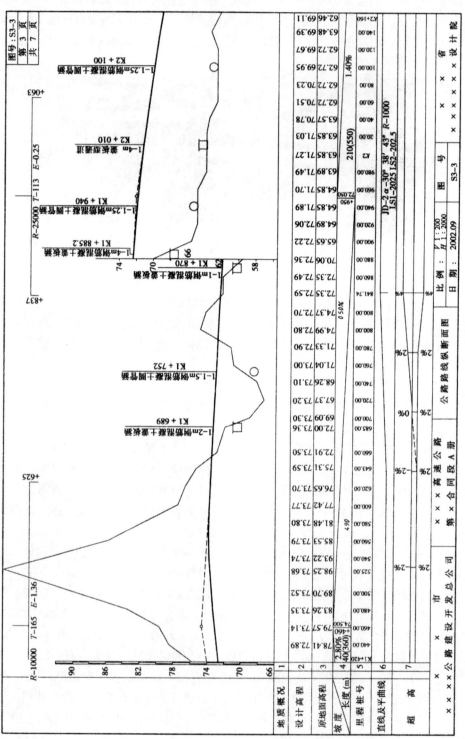

图 12-7　公路路线纵断面图

（6）根据设计线和标尺，借助三角板可读出竖曲线上各点的高程。

本例因图幅有限，纵坡较大且为下坡，设计线会超出图幅版面，因此在适当位置将高程标尺上移（若上坡就下移），使设计线能显示完整。图 12-7 中在里程桩号 K1+880 之右，设计线下坡，会超出图幅，于是在此处将设计线上移，相应标尺上刻度 70m、74m 也上移，上移后表示法与左段完全相同。

为了绘图和读图方便，路线纵断面图的图样部分可绘在方格纸上。

2. 资料（测设数据）表部分

资料表一般列有：①地质概况；②设计高程；③地面高程；④坡度及坡长；⑤里程桩号；⑥直线及平曲线；⑦超高。路线纵断面图的资料表是与图样上下对应布置的，这种表示方法能较好地反映出纵向设计线在各桩号处的高程、填挖的土方量、地质条件和纵向坡度，以及平曲线与竖曲线的配合关系。

（1）坡度用来表示均匀坡段坡度的大小，它是以上升高度 h 与水平距离 l 之比的百分数来量度的，即 $i=h/l$（%），上坡为正值、下坡为负值，亦可用斜线表示坡度方向（图 12-7）。坡长是每个坡度段的终止桩号与起始桩号的差值，即该段设计线的水平投影长度。

由"坡度及坡长"栏可看出 K1+460 处为上坡（2.8%）与下坡（-0.5%）的变坡点，因此设凸形竖曲线一个。变坡点左侧上坡段从 K1+100～K1+460，设计长度为 360m，图中标出 40m；变坡点右侧下坡段从 K1+460～K1+950，设计长度为 490m。

（2）在路线设计中，竖曲线与平曲线的配合关系直接影响着汽车行驶的安全性和舒适性，以及道路排水状况。在资料表中，以简略的形式表示出纵、平的配合关系。

"直线及平曲线"一栏表示该路段的平面线形。以"――"表示直线段，以"╱‿‿╲"
"‿‿╱‾‿""╱‾└┐""┌─┘└┐"四种图样表示曲线段，前两种表示设置缓和曲线，后两种表示不设缓和曲线。并在曲线一侧标注交点编号、偏角、半径和曲线长度。图样凹、凸表示曲线的转向，上凸表示右转曲线，下凹表示左转曲线，本例为带缓和曲线的右转曲线。结合纵断面情况，可想象出该路段的空间情况。

（3）超高是为抵消车辆在弯道上行驶时所产生的离心力，在该路段横断面上设置外侧高于内侧的单向横坡。"超高"一栏中，居中且贯穿全栏的直线表示设计高程。在标准路段，只设计高程线与路缘高程线（左、右路缘重合）两条线，横坡向右，坡度表示为正值；横坡向左，坡度为负值。图中虚线表示左幅路首先开始变坡，从-2%变到 0%，再从 0%变到与右幅路面同一坡度 2%，然后左、右幅路面成一体绕公路中线旋转到 4%的横向坡度超高值。路线平面图与纵断面图一般安排在两张图纸上，也可按需要放在同一张图纸上。

3. 画路线纵断面应注意的几点

（1）路线纵断面图用方格纸画，方格纸上的格子一般纵横方向按 1mm 为单位分格，每 5mm 处印成粗线，使之醒目，便于使用。用方格纸画路线纵断面图，既可省用比例尺、加快绘图速度，又便于进行检查。

（2）如用透明方格纸图宜画在反面，使擦线时不致将方格线擦掉。

（3）画路线纵断面图与画路线平面图一样，从左至右按里程顺序画出。

（4）纵断面图的标题栏绘在最后一张图或每张图的右下角或下方，注明路线名称、纵比例、横比例等。每张图的右上角应有角标，注明图号、图纸序号及总张数。

12.1.3 路基横断面图

路基横断面图是在路线中心桩处作一垂直于路线中心线的断面图。它由横断面设计线和地面线所构成。横断面设计线包括车行道、路肩、分隔带、边沟、边坡、截水沟、护坡道等设施，地面线表示地面在横断面方向的起伏变化。

路基横断面图的作用是表达各中心桩处横向地面起伏以及设计路基横断面情况。应该在每一中心桩（与纵断面桩号对应）处，根据测量资料和设计要求，顺次画出每一个路基横断面图，用来计算公路的土、石方工程量，作为设计概算、施工预算的依据。

1. 路基横断面的形式

公路路基断面按填挖条件的不同，可归纳为三种基本形式：

（1）填方路基。即路堤，如图 12-88（a）所示，在图下方注有该断面的里程桩号、路中心线处填方高度 h_T（m），断面的填方面积 A_T（m²），以及断面上路面标高。

（2）挖方路基。即路堑，如图 12-88（b）所示，在图下注有该断面的里程桩号、路中心线处挖方高度 h_w（m），断面的挖方面积 A_w（m²），以及断面上路面标高。

（3）半填半挖路基。这种路基是前两种路基的综合，如图 12-8（c）所示。在图下仍注有该断面的里程桩号、路中心线处的填方高度 h_T（m）或挖高 h_w（m）、断面的填方面积 A_T（m²）和挖方面积 A_w（m²），以及断面上路面标高。

2. 横断面图

（1）标准横断面。用来表现某一路段一般情况的横断面称为标准横断面。路基标准横断面图中应表示路中心线、行车道、土路肩、拦水缘石、路拱横坡、边坡、护坡道、边沟、碎落台、截水沟、用地界碑等各部分的组成及其尺寸，以及路面宽

（a）填方路基

（b）挖方路基

c）

（c）半填半挖

图 12-8 路基断面的基本形式

度。对于高速公路、一级公路路基，还需表示出中央分隔带、缘石、左侧路缘带、硬路肩（含右侧路缘带）、护拦、隔离栅等设置位置。比例尺用 1:100 或 1:200。图 12-9 所示为某一级公路的两个路基标准横断面图，图 12-9（a）为一般路基，图 12-9（b）为超高段路基，道路两侧用地界碑之间的宽度为道路用地范围，图中比例为 1:200。在图 12-9 中需注意：按《道路工程制图标准》规定，视图名称应标注在视图上方居中，图名底部应绘制与图名等长的粗、细实线。尺寸起止符宜采用单边箭头表示，箭头在尺寸线的右方时，应标注在尺寸线之上；反之，应标注在尺寸线之下；也可采用把尺寸界线按顺时针转 45°的斜短线表示；在连续表示的小尺寸中，也可用黑圆点表示起止符。

（2）路基横断面。如图 12-10 所示的路基横断面图，在绘出纵断面对应桩号的地面线后，按标准横断面所确定的路基形式和尺寸、纵断面图上所确定的设计高程，将路基顶面线和边坡

线绘制出来，俗称"戴帽子"。在每个横断面上需注明桩号，同时可注明填挖高度、填挖面积、路基宽度、超高等内容，也可从路基设计表查得（略）。

图 12-9　某公路路基标准横断面

图 12-10　路基横断面

3. 画路基横断面应注意的几点

（1）画路基横断面图使用方格纸，既便于计算断面的填挖面积，又给施工放样带来方便。

（2）路基横断面应按顺序沿着桩号从下到上，从左至右布置在一幅图纸内。若有多张路基横断面图，则应按桩号自小到大顺次布置在相邻并连续编号的图幅内，以便读图、查找，利于施工。

（3）横断面图的地面线一律画细实线，设计线一律画粗实线。

（4）在每张路基横断面图的右上角应写明图号、图纸序号及总张数。在最后一张图的右下角或下方绘制图标（图12-10）。

12.2　城市道路路线工程图

在城市里，沿街两侧建筑红线之间的空间范围为城市交通用地。城市道路主要包括机动车道、非机动车道、人行道、分隔带、绿带、交叉口和交通广场以及各种设施等。在交通高度发达的现代化城市，还建有架空高速道路、地下道路等。

城市道路的线形设计结果也是通过横断面图、平面图和纵断面图表达的。其图示方法与公路路线工程图完全相同。但是城市道路所处的地形一般都比较平坦，并且城市道路的设计是在城市规划与交通规划的基础上实施的，交通性质和组成部分比公路复杂得多，因此，体现在横断面图上，城市道路比公路复杂得多。

12.2.1　横断面图

城市道路横断面图是道路中心线法线方向的断面图。城市道路断面图由车行道、人行道、绿带和分离带等部分组成。根据道路功能和红线宽度的不同，可有各种不同形式的组合。

1. 城市道路横断面布置的基本形式

根据机动车道和非机动车道不同的布置形式，道路横断面的布置有以下四种基本形式。

（1）单幅路　俗称"一块板"断面，把各种车辆都混合在同一车行道上行驶，规定机动车在中间，非机动车在两侧，如图12-11（a）所示。在交通组织上，单幅路可分为划出快、慢车行驶的分车线和不划分车线两种。

（2）双幅路　俗称"两块板"断面，用一条分隔带或分隔墩从道路中央分开，使往返交通分离，但同向交通仍在一起混合行驶，如图12-11（b）所示。

（3）三幅路　俗称"三块板"断面，用两条分隔带或分隔墩把机动车和非机动车交通分离。将车行道分隔为三块：中间为双向行驶的机动车道，两侧为方向彼此相反的单向行驶非机动车道，如图12-11（c）所示。

（4）四幅路　俗称"四块板"断面，在"三块板"断面的基础上增设一条中央分离带，使机动车分向行驶，如图12-11（d）所示。

2. 横断面图的内容

横断面设计的最后成果用标准横断面设计图表示。图中表示出横断面各组成部分及其相互关系。图12-12为某道路近期设计横断面图，图12-12（a）为标准横断面，比例尺为1:200，为了表示高差变化情况，纵向与横向可采用不同的绘图比例；图12-12（b）为路面、路肩、人行道大样图（大样图又称详图），比例尺为1:40。

w_r——红线宽度(m);
w_c——机动车车行道宽度或机动车与非机动机混合行驶的车行道宽度(m);
w_b——非机动机车车行道宽度(m);
w_{pc}——机动车道路路面宽度或机动车与非机动车混合行驶的路面宽度(m);
w_{pb}——非机动车道路面宽度(m);
w_{mc}——机动车道路缘带宽度(m);
w_{mb}——非机动车道路缘带宽度(m);
w_1——侧向净宽(m);
w_{dm}——中间分隔带宽度(m);
w_{sm}——中间分车带宽度(m);
w_{db}——两侧分隔带宽度(m);
w_{sb}——两侧分车带宽度(m);
w_a——路侧带宽度(m);
w_p——人行带宽度(m);
w_g——绿化带宽度(m);
w_f——设施带宽度(m)。

（a）单幅路横断面

（b）双幅路横断面

（c）三幅路横断面

（d）四幅路横断面

图 12-11　城市道路横断面布置的基本形式

由图 12-12 可看出，该路段采用"单幅路"断面形式，划出快、慢车行驶的机动车和非机动车车道，使机动车与非机动车分道单向行驶，两侧为人行道。图 12-12 中表示人行道、非机动车道、机动车道及路缘带的宽度分别为 300cm、1160cm、1280cm 和 40cm，横向坡度为 2%、1.5% 和 10%。并标注了路中央路拱竖曲线参数，路面中心、边缘，路缘带、人行道边缘的高差如图 12-12（a）上方和表格所示。路面、路肩、人行道结构用大样图表示，路基路面、人行道的材料、层次及厚度，在大样图上用竖直引出线标注。

（a）横断面

（b）大样图

图 12-12　标准横断面设计图

当道路分期修建、改建时，除了需绘制近期设计横断面图之外，还要画出远期规划设计横断面图。为了计算土石方工程量和施工放样，与公路横断面图相同，需绘出各个中心桩的现状横断面，并加绘设计横断面图，标出中心桩的里程和设计高程，称为施工横断面图。

12.2.2　平面图

城市道路平面图与公路路线平面图相似，它是用来表示城市道路的方向、平面线形、车行道布置以及沿路两侧一定范围内的地形和地物情况。

图 12-13 为某市环线长宁路交叉口一段城市道路平面图，它主要表示了环形交叉口和二环线南段的平面设计情况。

城市道路平面图的内容可分为道路和地形、地物两部分，如图 12-13 交叉口南段道路所示。

1. 道路情况

（1）道路中心线用点划线表示。为了表示道路的长度，在道路中心线上标有里程。从图中可以看出，道路是由南向北标注里程，一般每隔 20m 设里程桩号。南北道路中心线不在同一直线上，其交点坐标 X 为 101014.012m，Y 为 42178.500m，偏角为 7°7′73″，其他平曲线要素：设计半径 R 为 1500m，切线长 93.29m，圆曲线长 186.34m，外距为 2.9m。东西道路中心线交点坐标 X 为 101030.882m　Y 为 42241.008m，偏角为 26°31′56″，设计半径 R 为 1000m，切线长 T 为 235.76m，曲线长 L 为 463.07m，外距 E 为 27.42m。

图 12-13 某市环线长宁路交叉口平面设计图

（2）道路的走向本图是用指北针"⊕"符号来表示的（也可用坐标网表示）。南段道路的走向随里程减少为南偏东方向，北段道路的走向随里程增加为北偏西方向。

（3）城市道路平面图所采用的绘图比例较公路路线平面图大（本图采用 1:1000），因此车、人行道的分布和宽度可按比例画出。由图可看出：南段道路机动车道宽度为 25.6m，非机动车道宽度为 12m，人行道为 3m，中间无分隔带。所以该路段为"单幅路"断面布置型式。

（4）图中还画出了用地线的位置，它表示施工后的道路占地范围。为了控制道路高程，图中还标出了水准点的位置。

2. 地形和地物情况

（1）城市道路所在的地势一般比较平坦。地形除用等高线表示外，还用大量的地形点表示高程。从图中地形点高程值可看出，由北到南、由东到西地势逐渐降低。

（2）交叉口南段道路为新建道路，因此占用了沿路两侧一些民房和农田用地，北段道路是在原国道上扩建。该地区的地物和地貌情况可在表 12-1 和表 12-2 平面图的图例中查出。本图地物图例朝北绘制。

表 12-2　平面图的常用图例

名称	符号	名称	符号	名称	符号
棚房		砖房 土砖房	砖 土	地下检查 井下水	⊕
砖石或混凝土 结构房屋	混 3 3－层数	非明确 路边线	- - - - - - - - - - - - - -	消火栓	

12.2.3　纵断面图

城市道路纵断面图也是沿道路中心线的展开断面图。其作用与公路路线纵断面图相同，其内容也是由图样和资料表两部分组成，如图 12-14 所示为南北道路的纵断面图。

1. 图样部分

城市道路纵断面图的图样部分完全与公路路线纵断面图的图示方法相同，如绘图比例竖直方向较水平方向放大 10 倍表示（本图水平方向采用 1:1000，则竖直方向采用 1:100）。

2. 资料部分

城市道路纵断面图的资料部分基本上与公路路线纵断面图相同，不仅与图样部分上下对应，而且还标注有关的设计内容。

城市道路除作出道路中心线的纵断面图之外，当纵向排水有困难时，还需作出街沟纵断面图。

对于排水系统的设计，可在纵断面图中表示，也可单独设计绘图。

图号：S5-3-2
第 × 页
共 × 页

V　1:100
H　1:1000

R=10000.000　T=55.486　E=0.154
32+760.710
43.070

R=20000.000　T=45.830　E=0.053
32+460.710
40.795

		32+820.000	42.580	42.862	0.282	−0.351% 339.290
		32+811.080	42.596	42.892	0.296	
		32+800.000	42.615	42.919	0.304	
		32+781.080	42.555	42.937	0.381	
		32+780.000	42.552	42.937	0.385	
		32+760.000	42.539	42.915	0.376	
		32+751.080	42.551	42.892	0.341	
		32+740.000	42.566	42.853	0.287	
		32+721.080	42.537	42.757	0.220	
		32+720.000	42.535	42.750	0.215	
		32+700.000	42.334	42.610	0.276	
		32+691.080	42.318	42.542	0.224	
		32+680.000	42.299	42.458	0.159	
		32+669.819	42.137	42.381	0.244	
		32+664.720	42.056	42.342	0.286	
		32+660.000	41.981	42.306	0.325	
		32+640.000	40.126	42.155	2.029	
		32+638.360	40.393	42.142	1.749	
		32+620.000	43.380	42.003	1.377	0.758% 300.000
		32+612.000	43.273	41.943	1.330	
		32+600.000	41.112	41.851	1.261	
		32+592.000	43.958	41.791	1.167	
		32+580.000	42.726	41.700	1.026	
		32+560.000	43.327	41.548	1.779	
		32+540.000	43.502	41.396	2.106	
		32+520.000	42.960	41.245	1.715	
		32+500.000	40.586	41.094	0.508	
		32+480.000	40.130	40.959	0.829	
		32+460.000	39.631	40.844	1.213	
		32+440.000	39.356	40.749	1.393	
		32+420.000	38.667	40.614		0.300% 320.710
		32+400.000	38.580	40.613	2.033	

	坡度及距离	路面设计高	比原地面高低	路面设计高程	地面高程	桩号	平曲线
	1	2	3	4	5	6	

××市×××设计院　　××路××段　　纵断面图　　设计　复核　审核　日期 2005.4　图号 S5-3-2

46 45 44 43 42 41 40 39 38 37 36 35 34

图12-14　道路的纵断面图

12.3 道路交叉口

当道路与道路（或铁道）相交时，所形成的共同空间部分称为交叉口。根据通过交叉口的道路所处的空间位置，可分为平面交叉和立体交叉两大类。

12.3.1 平面交叉口

1. 平面交叉口的形式

平面交叉是指各相交道路中线在同一高程相交的道口。平面交叉的形式决定于道路系统规划、交通量、交通性质和交通组织，以及交叉口用地及其周围建筑的情况。常见的平面交叉口形式有十字形、X字形、T字形、Y字形、错位交叉和复合交叉等，如图12-15所示。

（a）十字形　　　　　　　（b）X字形　　　　　　　（c）T字形

（d）Y字形　　　　　　　（e）错位交叉　　　　　　（f）复合交叉

图12-15　平面交叉口的形式

2. 环形交叉口

为了提高平面交叉口的通行能力，常采用环形交叉口。环形交叉（俗称转盘）是在交叉口中央设置一个中心岛，用环道组织交通，使车辆一律绕岛逆时针单向行驶，直至所去路口离岛驶出。中心岛的形状有圆形、椭圆形、卵形等。

图12-13就表示了某道路环形交叉口的平面设计结果。该交叉口为四路交叉，中心岛为圆形，其直径为67m（按《道路工程制图标准》规定、在半径、直径尺寸数字前，应分别标注 r 或 R、d 或 D），机动车环道宽14.5m，非机动车环道宽12m，机动车环道与非机动车环道间设有分隔带（花坛）。南北主干道和东西主干道路中线交于交叉口，交点坐标 X 为100999.600、Y 为42178.800。交叉口车行道、人行道转弯处缘石四处均作成圆曲线形，曲线参数在平面图标出，如西南转弯车行道缘石线偏角为97°7′44″，设计半径 R 为87m，切线长为98.56m，圆曲线长为147.48m，外距为44.46m。

平面交叉口除绘出平面设计图之外，还需在交叉口平面图上绘制竖向设计图。竖向设计高程可用不同的方式表示，较简单的交叉口可标注控制点高程、排水方向及坡度，排水方向用单边箭头表示。复杂的交叉口用等高线表示，等高线为细实线，每隔四条细实线绘一条中粗实线；亦可用网格高程表示，如图 12-16 所示，高程数字宜标注在网格交点的右上方。网格采用平行于设计路中线的细实线绘制。道路排水方向为由北向南、由东向西、由路中向路边流动，交叉口以中心岛外 10m 宽的圆环带为界，环内向中心岛排水、环外按道路排水方向排水。

图 12-16　平面交叉口竖向设计图

12.3.2　立体交叉口

立体交叉是指交叉道路在不同高程相交的道口。其特点是各相交道路上车流互不干扰，可以各自保持原有的行车速度通过交叉口。当平面交叉口用交通控制手段无法解决交通要求时，可采用立体交叉，以提高交叉口的通行能力。

根据立体交叉结构物形式的不同，可分为隧道式和跨线桥式两种基本形式。跨线桥有下穿式和上跨式两种，高速或快速道路从桥下通过，相交道路从桥上通过时称为下穿式，反之称为上跨式，如图 12-17 所示。

（a）下穿式　　　　　　（b）上跨式

图 12-17　立体交叉的基本形式

　　根据相交道路上行驶的车辆是否能互相转换，立体交叉又分为分离式（图 12-18）和互通式（图 12-19）两种。分离式立体交叉，在道路交叉处仅设隧道或跨线桥，而不设上、下道路之间的连接匝道。互通式立体交叉，在道路交叉处除设隧道或跨线桥外，还在上、下道路之间设有连接匝道，供车辆转换车道用。城市道路一般要求能互相转换车道，多采用互通式立体交叉。

图 12-18　分离式立体交叉口

　　1. 互通式立体交叉口的常见类型

　　互通式立体交叉口常见类型有：三路相交喇叭型、四路相交苜蓿叶型、四路相交涡轮式、四路相交四层 X 式环型，如图 12-19 所示。

　　2. 立体交叉工程图

　　公路与城市道路立体交叉工程图的内容视分离式还是互通式类型的不同而有所不同。互通式立体交叉工程图主要有：平面图、线位图、纵断面图、鸟瞰透视图（效果图）、横断面图及竖向设计图等。

　　（1）平面图（平面与交通组织图）。包括主线、匝道、变速车道及被交道路的位置，即中心线、路基边线、平曲线要素及主要桩位、匝道起终点、加减速车道长度、匝道编号、跨线桥及其交角、导线点、坐标网，以及交叉区综合排水系统等内容。图 12-20 所示为简化的某互通式立体交叉平面和交通组织图。图中指北针表示了立体交叉的方位和走向，为东西南北四路相交多层式波隆型互通式立体交叉。它由东西主干道左、右线（*G319L*、*G319R*）、南北主干道（*B*），四条匝道（*C*、*D*、*G*、*H*），四条左转弯车道（*I*、*J*、*E*、*F*），七条集散车道（*CC*、*DD*、*GG*、*HH*、S_1（S_2）、S_3、S_4）以及绿带组成。图中用实线箭头和虚线箭头分别表示机动车和非机动车的车流方向，以说明交通组织情况。

（a）三路相交喇叭型

（b）四路相交苜蓿叶型

（c）涡轮式立体交叉

图 12-19　互通式立体交叉口常见类型

（d）X 形立体交叉

图 12-19　互通式立体交叉口常见类型（续图）

图 12-20　某互通式立体交叉平面和交通组织图

（2）线位图（线形布置图）。包括主线、被交叉道路、匝道的中心线、桩号（里程桩、平曲线控制点位置）、平曲线要素及坐标网等内容，本例略。

（3）纵断面图。图 12-21 所示为东西干道（L 线）纵断面图，表示东西干道左线从桩号 K0+000 至 K0+684.86 间的纵断面线形，设计线中间跨过集散车道 S_1，左转弯车道 F、I，南北干道 B，左转弯车道 J 五条车道，纵坡较大，如粗实线所示。细折线为地面线，中粗折线为设计地面线，设计线下方的"🮠"表示主线下方下穿桥或路的宽度，并分别标注交叉处主桥和下穿桥各自的桩号，如 LK0+325.22＝BK0+ 368.66 表示主桥东西干道左线与下穿桥南北干道交叉处各自的桩号。图下方列出 L 车道纵断面资料表。

图12-21　东西干道（L线）纵断面图

图 12-22 为南北干道（B 线）纵断面图，设计线上方的"▨▨▨▨"表示主线上方跨线桥的宽度，其他图示方法与前述纵断面相同。

图 12-22　南北干道（B 线）纵断面图

（4）鸟瞰透视图。可绘出立体交叉的透视图，供审查设计和方案比较用，如图 12-23 所示。

图 12-23　某互通式立体交叉的鸟瞰效果图

（5）横断面图。图 12-24 为某互通式立体交叉的东西干道东段匝道桥起点的横剖面图，图中表示主干道、匝道、集散车道及人行道的断面结构形式、分布位置、宽度、路面的横坡以及路面高程等。

图 12-24　某互通式立体交叉东西干道横断面图

（6）竖向设计图。是在平面图上绘出设计等高线或网格高程，以表示整个立体交叉的高度变化情况，来决定排水方向及雨水口的设置。本例略，可参阅图 12-16 平交口竖向设计图。

互通式立体交叉工程图除上述图纸外，还有跨线桥桥型布置图，路面结构图、管线及附属设施设计图等。

第 13 章　桥梁工程图

13.1　概述

当路线跨越河流、山谷以及道路互相交叉时，为了保持道路的畅通，一般需要架设桥梁。桥梁是道路工程的重要组成部分。

桥梁的种类有很多，按建筑材料的不同，可以分为钢桥、钢筋混凝土桥、钢－混凝土组合桥、圬工桥、木桥等，其中钢筋混凝土是最广泛使用的建桥材料。故本章重点介绍钢筋混凝土桥的图示方法。

桥梁按照结构形式的不同，可以分为梁桥、拱桥、悬索桥、斜拉桥和刚构桥五种。其中梁桥、拱桥、悬索桥是三种传统的桥梁结构形式，斜拉桥和刚构桥则是近代发展较快的两种桥梁结构形式。

梁桥的上部承重构件为梁，常见的有 T 形梁、空心板梁、箱梁等形式。在竖直荷载作用下，梁截面承受弯矩和剪力，桥墩、桥台承受竖直方向的力，如图 13-1 所示。

图 13-1　梁桥示意图

拱桥上部为曲线状结构，曲线可以为圆弧、悬链线、抛物线等。在竖直荷载作用下，上部的主拱和吊杆主要承受竖直方向的力，下部结构既受竖直方向的力，又受水平方向的力，如图 13-2 所示。

图 13-2　拱式桥示意图

桥面支承在悬索上的桥，称为悬索桥。由于作为承重结构的悬索是柔性的，为避免在车辆行驶中桥面随悬索一起变形，现代悬索桥一般设有刚性梁，如图 13-3 所示。

图 13-3　悬索桥示意图

从一直立的桥塔顶部向下倾斜拉下一些钢索，吊住主梁的不同部位，以保证主梁的稳定，故称"斜拉桥"。斜拉桥的主梁、斜拉索和桥塔构成一个统一体，它的优点是可以增大跨度，并且桥型美观，如图 13-4 所示。

图 13-4　斜拉桥示意图

梁身和桥墩或桥台连为一体的桥梁结构称为刚构桥，其受力特点兼有梁桥和拱桥的一些特点，如图 13-5 所示。

（a）梁与墩连为一体刚构桥

（b）梁与台连为一体

图 13-5　刚构桥示意图

一座桥梁通常包括三个主要组成部分：

（1）上部结构。当线路遇到障碍（如河流、山谷或其他线路等）中断时，跨越这类障碍的结构物，主要包含主梁或主拱圈、桥面，其作用是供车辆和人群通行。

（2）下部结构。包括桥墩、桥台及墩台基础，是支承桥跨结构物的建筑物，通过它们将全部荷载传至地基。桥台设在桥的两端，桥墩则在两桥台之间。桥墩支承桥跨结构；桥台除了支承桥跨结构的作用外，还要与刚构桥路堤衔接，并防止路堤滑塌。为保护路堤填土，桥台两侧通常设置锥形护坡。

（3）附属结构包括栏杆、灯柱以及防护工程和导流工程。

13.2 钢筋混凝土结构图

用钢筋混凝土制成的板、梁、桥墩和桩等构件组成的结构物，叫做钢筋混凝土结构。为了把钢筋混凝土结构表达清楚，需要画出混凝土中钢筋的布置情况图，故又称钢筋布置图，简称结构图或钢筋图。

钢筋混凝土结构图表示钢筋的布置情况，是钢筋下料、加工、绑扎、焊接和检验的重要依据，它应包括钢筋布置图、钢筋编号、尺寸、规格、根数、钢筋成型图和钢筋数量表及技术说明等。

13.2.1 混凝土和钢筋混凝土构件

混凝土是由水泥、砂子、石子和水按一定比例拌和而成。混凝土抗压强度高，其抗压强度分为 C15、C20、C25、C30、C35、C40、C45、C50、C55、C60、C65、C70、C75、C80 共 14 个等级，数字越大，表示混凝土抗压强度越高。混凝土的抗拉强度比抗压强度低得多，而钢筋不但具有良好的抗拉性能，且与混凝土能很好地粘结，其热膨胀系数与混凝土相近，因此，两者可很好地结合成钢筋混凝土构件。

用钢筋混凝土制成的板、梁、桥墩、桩等构件，称为钢筋混凝土构件。在工地现场浇制的钢筋混凝土构件，称为现浇钢筋混凝土构件；在工厂或工地现场把构件预先制作好，然后运输吊装就位的，称为预制钢筋混凝土构件。此外，在混凝土构件承受外力之前，对混凝土预加一定的压力，以提高构件的强度和抗裂性能，称为预应力钢筋混凝土构件。

13.2.2 钢筋

1. 钢筋的种类和符号

按照强度不同，普通钢筋分为四种，种类及符号详见表 13-1。

表 13-1 钢筋种类和代号

钢筋种类	符号	公称直径 d/mm	抗屈服强度 f_{yk}
HPB235 级钢筋（Q235 光圆钢筋）	Φ	8～20	235
HRB335 级钢筋（20MnNSi）	Φ	6～50	335
HRB400（200MnSiV、20MnSiNb、20MnTi）	Φ	6～50	400
RRB400 级钢筋（K20MnSi）	Φ^R	8～40	400

2. 钢筋作用分类

根据钢筋在整个结构中的作用不同，分为受力钢筋、钢箍、架立钢筋、分布钢筋、其他钢筋（如图 13-6 和图 13-7 所示）。

（1）受力钢筋（主筋）。用来承受主要拉力。

（2）钢箍（箍筋）。固定受力钢筋位置，并承受一部分斜拉力和剪力。

（3）架立钢筋。一般用来固定钢筋位置，用于钢筋混凝土梁中。

图 13-6　钢筋混凝土梁钢筋配置立体图

（a）投影图　　　　　　　　　（b）立体图

图 13-7　盖板钢筋布置图（尺寸单位：cm）

（4）分布钢筋。一般用于钢筋混凝土板或高梁结构中，用以固定受力钢筋和箍筋的位置，使荷载分布给受力钢筋并防止混凝土收缩和温度变化出现的裂缝。

（5）其他钢筋。因构件构造要求或施工安装需要而配置的构造筋，如腰筋、预埋锚固筋、吊环等。

3. 钢筋的弯钩和弯起

对于光圆外形的受力钢筋，为了增加它与混凝土的粘结力，将钢筋的端部做成弯钩，弯钩的形式有半圆弯钩、斜弯钩和直弯钩三种，如图 13-8 所示。根据需要，钢筋实际长度要比端点长出 $6.25d$、$4.9d$ 或 $3.5d$。这时钢筋的长度要计算其弯钩的增长数值。

（a）半圆形弯钩　　　　　　（b）斜弯钩　　　　　　（c）直角形弯钩

图 13-8　钢筋的弯钩

图 13-9 为受力钢筋中有一部分需要在梁内向上弯起，这时弧长比两切线之和短些，其计算长度应减去折减数值。

图 13-9　钢筋的弯起

为了避免计算，钢筋弯钩的增长数值和弯起的折减数均编有表格备查。表 13-2 为光圆钢筋弯钩增长数值表；表 13-3 为光圆钢筋弯起折减数值表。

表 13-2　光圆钢筋弯钩增长表（单位：mm）

钢筋直径	180°弯钩	135°弯钩	90°弯钩	钢筋直径	180°弯钩	135°弯钩	90°弯钩
6	38	29	21	18	113	88	63
8	50	39	28	19	119	93	67
10	63	49	35	20	125	98	70
12	75	59	42	22	138	107	77
14	88	68	49	24	150	117	84
16	100	78	56				

如图 13-7 所示，1 号 $\phi 10$ 钢筋两端半圆钩端部间的长度为 126cm，查表 13-2 得弯钩长度为 63mm，即

$$126+2×6.3=126+12.6=138.6≈139（cm）$$

表 13-3　光圆钢筋弯起折减数值表（单位：mm）

钢筋直径	45°弯钩	90°弯钩	钢筋直径	45°弯钩	90°弯钩
6	3	6	18	8	19
8	3	9	19	8	20
10	4	11	20	9	21
12	5	13	22	9	24
14	6	15	24	10	26
16	7	17			

又如后面的图 13-10 所示，4 号 $\phi 22$ 钢筋长度为 $728+2\times 65$（cm），查表 13-2 和表 13-3 得，弯钩长度为 138（mm）、90°弯转长度为 24（mm）

即
$$728 + 2\times 65 + 2(13.8–2.4)=880.8\approx 881（cm）$$

4. 钢筋的保护层

为了防止锈蚀，钢筋必须全部包在混凝土中，因此钢筋边缘至混凝土表面应留有一定距离的保护层。此距离称为净距，如图 13-6 所示。

13.2.3　钢筋结构图的内容

1. 钢筋结构图的图示特点

钢筋结构图主要表达构件内部钢筋的布置情况，所以把混凝土假设为透明体，结构外形轮廓画成细实线，钢筋则画成粗实线（钢箍为中实线），以突出钢筋的表达。而在断面图中，钢筋被剖切后，用小黑圆点表示。钢筋弯钩和净距的尺寸都比较小，画图时不能严格按照比例来画，以免线条重叠，要考虑适当放宽尺寸，以清楚为度，称为夸张画法。同理，在立面图中遇到钢筋重叠时，亦要放宽尺寸，使图面清晰。

画钢筋结构图时，不一定三个投影图都画出来，而是根据需要来决定，例如画钢筋混凝土梁的钢筋图时，一般不画平面图，只用立面图和断面图来表示。

2. 钢筋的编号和尺寸标注方式

在钢筋混凝土结构图中，为了区分各种类型和不同直径的钢筋，要求对每种钢筋加以编号并在引出线上注明其数量、规格、长度和间距。钢筋编号和尺寸标注方式如下：

其中 N 的圆圈直径为 6～8mm。

其中②表示 2 号钢筋，$11\phi 8$ 表示直径为 8mm 的 HPB235 级钢筋共 11 根，$l=64$ 表示每根钢筋的断料长度为 64cm，@表示钢筋轴线之间的距离。又如图 13-7 注有 $\dfrac{6\phi 10}{l=139@12}$ ①，表示编号为 1 的钢筋直径为 10mm，HPB235 级钢筋 6 根，断料长度为 139cm。图 13-10 中的 2N3 表示编号 3 的钢筋有 2 根。

钢筋直径的尺寸单位采用毫米，其余尺寸单位均采用厘米，图中无须注出单位，但可以在说明中注明。

图 13-10　钢筋混凝土梁结构图

3. 钢筋成型图

在钢筋结构图中，为了能充分表明钢筋的形状以便于配料和施工，还必须画出每种钢筋的加工成型图，如图 13-10 所示。图上应注明钢筋的编号、直径、根数、弯曲尺寸和断料长度等。有时为了节省图幅，可把钢筋成型图画成示意略图放在钢筋数量表内。钢筋成型图也可称为钢筋大样图。

4. 钢筋数量表

在钢筋结构图中，一般还附有钢筋数量表，内容包括钢筋的编号、直径、每根长度、根数、总长及重量等，必要时可加画略图，如图 13-10 和表 13-4 所示。

表 13-4　钢筋混凝土梁钢筋数量表

编号	钢号和直径/mm	长度/cm	根数	共长/m	每米重量/kg/m	共重/kg
1	$\phi22$	528	1	5.28	2.984	15.76
2	$\phi22$	708	2	14.16	2.984	42.25

续表

编号	钢号和直径/mm	长度/cm	根数	共长/m	每米重量/kg/m	共重/kg
3	$\phi22$	892	2	17.84	2.984	53.23
4	$\phi22$	881	3	26.43	2.984	78.87
5	$\phi12$	745	2	14.90	0.888	13.23
6	$\phi8$	745	4	29.80	0.395	11.77
7	$\phi8$	198	24	47.52	0.395	18.77
总计						233.88
绑扎用铅丝 0.5%						1.17

5. 说明

钢筋结构图中一般配有必要的文字说明，说明中除对图中的尺寸单位、参数及局部细节进行说明外，还需对结构在施工中的注意事项加以强调或规定。

13.2.4 钢筋结构图举例

如图 13-10 所示为一根钢筋混凝土梁的钢筋结构图，从 1-1 断面图可以看出梁的断面为"T"形，称为 T 形梁，梁内有七种钢筋，它的形状和尺寸在钢筋成型图上均已表达清楚。

从立面图及 1-1 断面图中可以看出钢筋排列的位置及数量。1-1 断面图的上方和下方画有小方格，格内注有数字，用以表明钢筋在梁内的位置及其编号。如立面图中的 2N5 表示有两根 5 号钢筋安置在梁内的上部，对应在 1-1 断面图中则可以看出两根 5 号钢筋在梁内的上部对称排列。立面图中还设有 2-2 断面的剖切位置线，2-2 断面图的钢筋排列位置和 1-1 断面不同，请读者自行思考。

表 13-4 中所列"每米重量（kg/m）"一栏可以从有关工程手册中查得。表中所列铅丝是用来绑扎钢筋的，铅丝数量按规定为钢筋总重量的千分之五。如不用铅丝绑扎而采用焊接，则应注出焊接方式（双面焊或单面焊）以及焊缝长度。

13.3 钢筋混凝土梁桥工程图

建造一座桥梁需用的图纸很多，但一般可以分为桥位平面图、桥位地质纵断面图、总体布置图、构件构造（布置）图和大样图等。

13.3.1 桥位平面图

桥位平面图主要表明桥梁和路线连接的平面位置，通过地形测量绘出桥位处的道路、河流、水准点、钻孔及附近的地形和地物（如房屋、老桥等），以便作为设计桥梁、施工定位的根据。这种图一般采用较小的比例，如 1:500、1:1000、1:2000 等。

如图 13-11 所示为某桥的桥位平面图。除了表示路线平面形状、地形和地物外，还表明了钻孔、里程、水准点的位置❂和数据（BM）。

图 13-11　某桥的桥位平面图

桥位平面图中的植被、水准符号等均应以正北方向为准，而图中文字方向则可按路线要求及总图标方向来决定。

13.3.2　桥位地质断面图

根据水文调查和钻探所得的地质水文资料，绘制桥位所在河床位置的地质断面图，包括河床断面线、地质情况、最高水位线、常水位线和最低水位线，以便作为设计桥梁上部结构、墩、台、基础和计算土石方工程数量的根据。地质断面图为了显示地质和河床深浅变化情况，也可以特意把地形高度（标高）的比例较水平方向比例放大数倍画出。如图 13-12 所示，地形高度的比例采用 1:200，水平方向比例采用 1:500。

图上共画出 3 个钻孔，编号分别为 CK_1、CK_2 和 CK_3。如钻孔 CK_1 的 1.15/15.00 中分子表示孔口标高 1.15m，分母表示钻孔深度 15.00m。钻孔穿过黄色粘土层，淤泥质亚粘土层到达暗绿色粘土层。

桥位地质断面图可以单独列出，作为设计的图纸之一。实际设计中，通常把地质断面图按竖直方向和水平方向同样比例直接画入总体布置图中。

13.3.3　桥梁总体布置图

桥梁总体布置图主要表明桥梁的型式、跨径、孔数、总体尺寸、各主要构件的相互位置关系以及桥梁各部分的标高、材料数量、总的技术说明等，作为施工时确定墩台位置、安装构件和控制标高的依据。

图 13-12　某桥的桥位地质断面图

图 13-13 为一总长 91.04m、桥宽 9m、4×20m 的简支 T 形梁桥总体布置图。立面图和平面图的比例均采用 1:300，横剖面图则采用 1:100。

1. 立面图

立面图主要表现全桥的立面布置情况，可以反映出桥梁的主要特征和桥型，是总体布置图中的主要视图。从立面图中可以看出，该桥共有四个孔，每孔跨径各为 20m，桥梁总长为 91.04m。在比例较小时，立面图的人行道和栏杆可不画出。

（1）下部结构：两端为重力式桥台，分别用编号 0 和 1 表示。河床中间设有 3 个双柱式桥墩，它由盖梁（帽梁）、立柱、桩基和系梁共同组成。图中还标出了桥台底面、桩基底面及与设计相关的水位的标高。

（2）上部结构：为四跨简支梁桥，每孔跨径为 20m。

总体布置图还反映了河床地质断面及水文情况，根据标高尺寸可以知道：桩和桥台基础的埋置深度、梁底的标高尺寸。由于混凝土桩埋置深度较大，图的上方还把桥梁两端和桥墩的里程桩号标注出来，以便读图和施工放样用。

图 13-13　简支 T 形梁桥总体布置图

2. 平面图

平面图主要表示全桥的平面布置情况。对照横剖面图可以看出行车道宽为 7m，人行道宽（包括栏杆）两边各为 1m。

平面图中一般不画出被桥面遮住的部分，目的是减少图中的虚线，使视图简洁、清晰。为了表示桥梁下部构造的平面布置情况，应在若干标准的桥墩和桥台位置处采用局部剖切的方法，切去桥梁的上部结构来表达其下部结构，断开处用折断线分隔。图中左半部为平面图，表达桥面布置情况。对照 K5+181.02 的桩号，剖切掉上部结构后（立面图上没有画出剖切线），显示出桥墩中部是由两根空心圆柱所组成。右端是桥台的平面图，可以看出是 U 形桥台，画图时，通常把桥台背后的回填土揭去，两边的锥形护坡也省略不画，使桥台平面图更为清晰。这里为了施工时挖基坑的需要，只注出桥台基础的平面尺寸。

3. 横剖面图

横剖面图主要表示桥梁的横向布置情况。横剖面的数量可根据实际需要而定，但不宜过多，一般 2～3 个为宜。本图中的横剖面图是由 1-1 和 2-2 剖面图合并组成，从图中可以看出桥梁的上部结构是四片 T 梁，还可以看到桥面宽、人行道和栏杆的尺寸。

对照立面图可知，1-1 的剖切位置在 2 号和 3 号桥墩之间，并向 2 号桥墩方向投射，因此 1/2 1-1 剖面图表达了桥墩的上、下部结构情况。同理 1/2 2-2 剖面图表达了桥台的上、下部结构情况。为了更清楚地表示横剖面图，允许采用比立面图和平面图放大的比例画出。按《道路工程制图标准》规定，剖面的剖切符号投射方向端部应采用单边箭头。

13.3.4　构件结构图

在总体布置图中，只表示出了桥梁各构件的总体尺寸及其相互位置关系，而各构件的局部细节都没有详细完整地表达出来。单凭总体布置图是不能进行制作和施工的，为此还必须根据总体布置图采用较大的比例把构件的形状、大小和局部细节完整地表达出来，才能作为施工的依据，这种图称为构件结构图，简称构件图。由于它采用较大的比例，故也称为详图。

如桥台构造图、桥墩构造图、主梁构造图、钢筋布置图、附属结构构造图等，每种构造图均可采用多张图纸表示，以表达清楚为原则。构件图的常用比例为 1:10～1:50。

当构件的某一局部在构件图中还不能清晰完整地表达时，则应采用更大的比例（如 1:3～1:10）来画局部放大图。

1. 桥台构造图

桥台是桥梁两端的下部结构，一方面支承梁，另一方面承受桥头路堤填土的水平推力，起着连接桥梁和道路的作用。

图 13-14 为常见的 U 形桥台，它由台帽、台身、侧墙（翼墙）和基础组成。这种桥台是由胸墙和两道侧墙垂直相连成"U"形，再加上台帽和基础两部分组成。

（1）纵剖面图　采用纵剖面图代替立面图，显示了桥台内部构造和材料。

（2）平面图　设想主梁尚未安装，后台也未填土，这样就能清楚地表示出桥台的水平投影。

（3）侧面图　由 1/2 台前和 1/2 台后两个图合成。所谓台前，是指人站在河流的一边顺着路线观看桥台前面所得的投影图；所谓后台，是指人站在堤岸一边观看桥台背后所得的投影图。台前和台后均只画出可见部分，合二为一就能完整地表达出整个桥台结构。

图 13-14　U 形桥台

2. 桥墩构造图

桥墩和桥台一样，同属桥梁的下部结构，常见的桥墩类型根据墩身的结构形式可分为实体式（重力式）桥墩、空心桥墩、柱（桩）式桥墩和组合式桥墩等。

（1）桥墩一般构造图。

如图 13-15 所示为双柱（桩）式桥墩构造图，它由盖梁、墩身、系梁和桩基构成，图形由立面、平面和侧面三个投影图表示。通常情况下，桩身较长，在图中完整地表达有困难，故可将长桩基作折断处理，示意性画出即可。由于各跨处的地形和地质情况不同，相应地使桥墩和桩基的高度不同，因此各墩柱、桩基的高度尺寸应参照图中的字母符号从《工程数量表》中查取，所用材料规格也可以从《工程数量表》中查出。另外，在桥墩构造图中通常要表示出支座的位置。

（2）桥墩钢筋布置图。

如图 13-15 所示的柱（桩）式桥墩钢筋布置是根据结构计算确定的。如果用一张图纸来表达整个桥墩（桩）的钢筋布置情况，就会使各视图的比例很小，外观上表达不清晰，或者采用大型号的图纸，不便装订成册。因此可将桥墩（桩）的钢筋分布采用盖梁钢筋布置图，系梁钢筋布置图，桥墩、桩钢筋布置图等多张图纸表达。

图 13-15　双柱（桩）式桥墩构造图

图 13-16 为桥墩盖梁钢筋布置图，此图由立面图和 1-1、2-2、3-3 断面图表示盖梁的钢筋布置，侧面图和 4-4 断面图表示防震挡块的钢筋布置。为了准确表明钢筋的形状以便配料和施

工，还画出了每种钢筋的加工成型图，并列出了钢筋明细表。

图 13-16　桥墩盖梁钢筋布置图

图 13-17 为桥墩、桩基钢筋布置图。此图由墩身、桩身钢筋图和 1-1、2-2 断面图组成，桩身仍然作折断处理。墩身和桩身采用螺旋状箍筋，由于它们的形式、规格、间距一致，所以图中可只示意地表示几段，以减少工作量。钢筋形状和尺寸参照钢筋详图（成型图），而钢筋位置根数应对照材料数量表查读。钢筋的焊接或绑扎要求可在说明中注明。

图 13-17 桥墩、桩基钢筋布置图

3. 主梁构造图

主梁是桥梁的上结构，图 13-13 的钢筋混凝土梁桥采用跨径为 20m 的装配式钢筋混凝土 T 形梁。如图 13-18 所示为边梁和内梁的一般构造图。

为了增大视图的比例，可利用对称性，将立面图取一半来表示。图 13-18 由内梁半立面图、边梁半立面图及 1-1 至 5-5 五个剖面图表达 T 形梁的结构形式和尺寸。图中的次要可见轮廓线用中实线表示。

图 13-18　边梁和内梁的一般构造图

13.4　钢筋混凝土斜拉桥工程图

　　斜拉桥是我国近年来常用的桥型，它常用于较大跨度的桥梁，主要由主梁、索塔和斜拉索三大部分组成。主梁一般采用钢筋混凝土结构、钢－混凝土组合结构或钢结构；索塔大多采用钢筋混凝土结构；斜拉索则采用高强钢丝或钢绞线制成。

　　图 13-19 和图 13-20 为某双塔三跨式钢筋混凝土斜拉桥总体布置图，两边引桥部分断开省略不画。

1．立面图

如图 13-19 所示，立面图概括地表达了桥梁的全貌。跨径分布为 80m+90m+190m+432m+190m+90m+80m 的七孔一联，总长 1152m。

图 13-19　斜拉桥平、立面布置图

由于桥梁实际尺寸较大，制图时采用的比例较小，故仅画桥梁结构的主要外形轮廓。图中钢筋混凝土梁用其顶、底面的投影（粗实线）表示，主塔也用两侧面的投影粗实线画出，每根拉索则用中实线表示，图中尺寸 2%表示桥面纵坡，横隔梁、人行道和栏杆均省略不画。

主跨的下部结构由承台和钻孔灌注桩组成，上面的主塔固结在下面的承台上，形成一个整体，使荷载能稳妥地传递到地基上。桩基采用折断处理。

立面图还反映了河床起伏（地质资料另有图，此处从略）及水文情况，根据标高尺寸可知桩基础的埋置深度、梁底和通航水位的标高尺寸。

2. 平面图

主要表达桥面的平面布置情况，图中给出了人行道和机动车道的宽度，波浪线间的部分采用局部剖切的方法切去桥面，右边表示把桥的上部分揭去后，显示桩位的平面布置情况。

3. 剖、断面图

如图 13-20 所示的横断面表达了主塔的形状为 H 形塔。总高 152.53m，桥面以上塔高 108.00m，下塔柱底部宽度 20.4m，逐步向上变宽，至中、下塔柱交界的下横梁处（放置主梁处）最宽，为 33m。中塔柱向上略收窄，至上横梁处宽 26m，垂直至塔顶。基础采用直径 2.8m 的钻孔灌注桩和承台基础，承台为圆形，厚度 4m。

图 13-20　斜拉桥剖、断面图（尺寸单位：mm，标高单位：m）

1/2 1-1 和 1/2 2-2 断面图表达了主桥上部结构的构造。由图可知，主梁采用轻型肋板截面，边实心梁高 2m，顶宽 1.5m，底宽 1.75m，全宽 23m，板厚 0.32m。3、6 号墩处由于悬臂施工的需要，根部肋板式截面梁高度增大至 3.5m。单向机动车道宽 7.5m，非机动车道宽 2.5m，拉索锚固区 1.55m，车道两侧都设有防撞栏。

图 13-19 和图 13-20 为斜拉桥总体布置图。图中仅将结构的总体轮廓和主要尺寸画出，主要表达的是大桥各部件的结构特征和相互位置关系，许多细部尺寸和构件结构图均未画出。

13.5　桥梁图读图和画图步骤

13.5.1　读图

1. 方法

我们还是采用以前讲过的形体分析法来分析桥梁图。桥梁虽然是庞大而又复杂的建筑物，但它总是由许多构件所组成。我们了解了每一个构件的形状和大小，再通过总体布置图把它们联系起来，弄清彼此之间的关系，就不难了解整个桥梁的形状和大小了。因此必须把整个桥梁图由大化小、由繁化简、各个击破、解决整体，也就是先由整体到局部，再由局部到整体的反复过程。

看图的时候，决不能单看一个投影图，而是要同其他有关投影图联系起来读，包括总图、详图、钢筋明细表、说明等。再运用投影规律，互相对照，弄清整体。此外，还需了解桥梁工程图上的习惯画法。

2. 步骤

看图步骤可按下列顺序进行：

（1）先看图纸的标题栏和附注，了解桥梁名称、种类、主要技术指标、施工措施、比例、尺寸单位等。

（2）看总体图，弄清各投影图的关系，如有剖、断面，则要找出剖切线位置和投射方向。看图时，应先看立面图（包括纵剖面图），了解桥型、孔数、跨径大小、墩台类型和数目、总长和总高，了解河床断面及地质情况，再对照看平面图和侧面、横剖面等投影图，了解桥的宽度、桥面的尺寸、墩台的横向位置和主梁的断面形式等。这样，对桥梁的全貌便有了一个初步的了解。

（3）分别阅读构件图和大样图，弄清构件的全部构造。

（4）了解桥梁各部分使用的建筑材料，并阅读工程数量表、钢筋明细表及说明等。

（5）看懂桥梁图后，再看尺寸，进行复核，检查有无错误或遗漏。

（6）各构件图看懂之后，再回过头来阅读总体图，了解各构件的相互配置及装置尺寸，直到全部读懂为止。

13.5.2　画图

绘制桥梁工程图基本上和绘制其他工程图一样，有着共同的规律，现以图 13-21 为例说明画图的方法和步骤。

图 13-21 为一桥梁总体布置图，首先确定投影图数目（包括剖面、断面）、比例和图纸尺寸。按规定画立面、平面、横剖面或断面三种投影图。横剖面或断面图的数量可根据实际需要而定。结构对称时，可取其一半来作图。本例中的横剖面图由两个半剖面图合并而成。

各类图样由于要求不同，采用的比例也不相同。表 13-5 为桥梁图常用比例参考表。

（a）布置和画出各投影图的基线

（b）画出各构件的主要轮廓线

（c）画各构件的细部

图 13-21　桥梁总体布置图的绘图步骤

（d）标注尺寸，填写说明

图 13-21　桥梁总体布置图的绘图步骤（续图）

表 13-5　桥梁图常用比例参考表

项目	图名	说明	比例	
			常用比例	分类
1	桥位图	表示桥位、路线的位置及附近的地形、地物情况。对于桥梁、房屋及农作物等，只画出示意性符号	1:500～1:2000	小比例
2	桥位地质断面图	表示桥位处的河床、地质断面及水文情况，为了突出河床的起伏情况，高度比例较水平方向比例放大数倍画出	1:500～1:2000 水平方向比例 1:100～1:500 高度方向比例	普通比例
3	桥梁总体布置图	表示桥梁的全貌、长度、高度尺寸，通航及桥梁各构件的相互位置。横剖面图可较立面图放大 1～2 倍画出	1:50～1:100	
4	构件构造图	表示梁、桥台、人行道和栏杆等杆件的构造	1:10～1:50	大比例
5	大样图（详图）	钢筋的弯曲和焊接、栏杆的雕刻花纹、细部等	1:3～1:10	大比例

注：①上述 1、2、3 项中，大桥选用较小比例，小桥采用较大比例；
　　②在钢结构节点图中，一般采用 1:10、1:15、1:20 的比例。

图 13-21 为桥梁布置图的画图步骤，按表选用 1:300 比例，横剖面图则采用 1:100 比例。当决定投影图数目、比例和图纸尺寸之后，便可以画图了。

画图的步骤：

（1）布置和画出各投影图的基线。

根据所选定的比例及各投影图的相对位置，把它们匀称地分布在图框内，布置时要注意空出图标、说明、投影图名称和标注尺寸的地方。当确定投影图位置之后，便可以画出各投影图的基线，一般选取各投影图的中心线或边界线作为基线，图 13-21（a）中的立面图是以梁底标高线作为水平基线，其余则以对称轴线作为基线。立面图和平面图对应的铅直中心线要对齐。

（2）画出各构件的主要轮廓线。

如图 13-21（b）所示，以基线作为量度的起点，根据标高及各构件的尺寸画构件的主要轮廓线。

（3）画各构件的细部。

根据主要轮廓线从大到小画全各构件的投影，画的时候注意各投影图的对应线条要对齐，并把剖面图中的栏杆等画出来，如图 13-21（c）所示。

（4）标注尺寸，填写说明。

标注各处尺寸、标高、坡度符号线，画出图例，并填写文字说明，完成桥梁总体布置图，如图 13-21（d）所示。

第 14 章　隧道工程图

14.1　隧道洞门的构造图

隧道是道路穿越山岭的构筑物，它虽然形体很长，但中间断面形状变化很小，所以隧道工程图除了用平面图表示它的位置外，其构造图主要用隧道洞门图、横断面图（表示洞身形状和衬砌）及避车洞图等来表达。

14.1.1　隧道洞门的构造

隧道洞门按地质情况和结构要求，有下列几种基本形式。

1. 洞口环框

当洞口石质坚硬稳定，可仅设洞口环框，起加固洞口和减少洞口雨后漏水等作用，如图14-1 所示。

2. 端墙式洞门

端墙式洞门适用于地形开阔、石质基本稳定的地区。端墙的作用在于支护洞顶上的仰坡，保持其稳定，并将仰坡水流汇集排出，如图 14-2 所示。

图 14-1　洞口环框　　　　　　　　　图 14-2　端墙式洞门

3. 翼墙式洞门

当洞口地质条件较差时，在端墙式洞门的一侧或两侧加设挡墙，构成翼墙式洞门，如图 14-3 所示。它由端墙、洞口衬砌（包括拱圈和边墙）、翼墙、洞顶排水沟及洞内外侧沟等部分组成。隧道衬砌断面除曲边墙式外，还有直边墙式。

图 14-3　翼墙式洞门

4．柱式洞门

当地形较陡、地质条件较差、仰坡下滑可能性较大，而修筑翼墙又受地形、地质条件限制时，可采用柱式洞门，如图 14-4 所示。柱式洞门比较美观，适宜建于城市要道、风景区或长大隧道的洞口。

图 14-4　柱式洞门

图 14-5 为端墙式隧道洞门三面投影图。

（1）正立面图（即立面图）是洞门的正立面投影，不论洞门是否左右对称，均应画全。正立面图反映出洞门墙的式样，洞门墙上面高出的部分为顶帽，同时也表示出洞口衬砌断面类型，它是由两个不同的半径（$R=385cm$ 和 $R=585cm$）的圆弧和两直边墙所组成，拱圈厚度为 45cm。洞口净空尺寸高为 740cm，宽为 790cm；洞门墙的上面有一条从左往右方向倾斜的虚线，并注有 $i=2\%$ 箭头，这表明洞门顶部有坡度为 2% 的排水沟，用箭头表示流水方向。其他虚线反映了洞门墙和隧道底面的不可见轮廓线。它们被洞门前面两侧路堑边坡和公路路面遮住，所以用虚线表示。

（2）平面图仅画出洞门外露部分的投影，表示洞门墙顶帽的宽度、洞顶排水沟的构造及洞门口外两边沟的位置（边沟断面未标出）。

图 14-5 隧道洞门图（单位：cm）

（3）1-1 剖面图仅画靠近洞口的一小段，图中可以看到洞门墙倾斜坡度为 10:1，洞门墙厚度为 60cm，还可以看到排水沟的断面形状、拱圈厚度及材料断面符号等。

为了读图方便，图 14-5 还在三个投影图上对不同的构件分别用数字注出。如洞门墙①、①′、①″，洞顶排水沟为②、②′、②″，拱圈为③、③′、③″，顶帽为④、④′、④″等。

14.1.2 避车洞图

避车洞有大、小两种，是供行人和隧道维修人员及维修小车避让来往车辆而设置的，它们沿路线方向交错设置在隧道两侧的边墙上。通常小避车洞每隔 30m 设置一个，大避车洞则每隔 150m 设置一个。为了表示大、小避车洞的相互位置，采用位置布置图来表示，如图 14-6 所示。由于这种布置图图形比较简单，为了节省图幅，纵横方向可采用不同比例，纵向常采用 1:2000，横向常采用 1:200 等比例。

图 14-6　避车洞布置图（尺寸单位：m）

如图 14-7 所示为大避车洞示意图。如图 14-8 和图 14-9 所示则为大小避车洞详图，洞内底面两边做成斜坡以供排水之用。

图 14-7　大避车洞示意图

图 14-8　大避车洞详图（尺寸单位：cm）

图 14-9　小避车洞详图（尺寸单位：cm）

14.2　隧道衬砌断面图

14.2.1　隧道衬砌图的图示内容及特点

隧道衬砌图采用在每一类围岩中用一组垂直于隧道中心线的横断面图来表示隧道衬砌的结构形式。除用隧道衬砌断面设计图来表示该围岩段隧道衬砌的总体设计外，还有针对每一种支护、衬砌的具体构造图。

1. 隧道衬砌断面设计图

隧道衬砌断面设计图主要表达该围岩段内衬砌的总体设计情况，表明支护的种类及每种支护的主要参数，防火排水设施的类型和二次衬砌结构情况。如图 14-10 所示是Ⅱ类围岩浅埋段衬砌断面设计图。

2. 各种支护、衬砌的构造图（如超前支护断面图、钢拱架支撑构造图、防水排水设计图、二次衬砌钢筋构造图等）

各种支护、衬砌的构造图具体地表达每一种支护各构件的详细尺寸、分布情况、施工方法等。如图 14-11 所示是Ⅱ类围岩浅埋段超前支护设计图，如图 14-12 所示是Ⅱ类围岩浅埋段钢拱架支撑构造图，如图 14-13 所示是Ⅱ、Ⅲ类围岩浅埋段二次衬砌钢筋构造图。

14.2.2　隧道衬砌断面图的识读方法

首先要认真识读隧道衬砌断面设计图，全面了解该围岩段所有的支护种类及相互关系；同时，注意识读材料表和注释，了解注意事项和施工方法等；然后再识读每一种支护、衬砌的具体构造图，分析每一种支护的具体结构、详细尺寸、材料及施工方法。

14.2.3 隧道衬砌断面图识读示例

1. 识读Ⅱ类围岩浅埋段衬砌断面设计图

由图 14-10 可知，该围岩段采用了曲墙式复合衬砌，包括超前支护、初期支护和二次衬砌。图中给出了初期支护和二次衬砌的断面轮廓。

超前支护是指为保证隧道工程开挖工作面的稳定，而在开挖之前采取的一种辅助措施。从图 14-10 可以看出，该隧道Ⅱ类围岩浅埋段在洞口处采用直径为 108mm 的长管棚进行超前支护；在Ⅱ类围岩浅埋段的其他位置采用直径为 50mm 的超前小导管进行支护，即沿开挖外轮廓线向前以一定的外倾角打人管壁带有小孔的导管，且以一定压力向管内压注起胶结作用的浆液，待其硬化后岩体得到预加固。

图 14-10 Ⅱ类围岩浅埋段衬砌断面设计图

该隧道Ⅱ类围岩浅埋段的初期支护有：

（1）径向锚杆（系统锚杆）支护（在土质中采用 $\phi22$mm 砂浆径向锚杆，锚杆长度为 4m，间距 75mm×75mm；在石质中采用 $\phi25$mm 的自钻式径向锚杆，锚杆长度为 4m，间距 75cm×75cm）。

（2）Ⅰ20a 工字钢钢拱架支撑，相邻钢拱架的纵向间距 75cm。

（3）挂设钢筋网片支护，钢筋直径为 8mm，钢筋网网格为 15cm×15cm（冷轧焊接钢筋网）。

（4）在锚杆、钢筋网片和钢拱架之间喷射 C25 混凝土 25cm，使锚杆、钢拱架支撑、钢筋网、喷射混凝土共同组成一个大半径的初期支护结构。

一般情况下，将超前小导管的尾部、锚杆的尾部与钢拱架支撑、钢筋网等焊接在一起，形成一个整体的初期支护，以保证钢拱架、钢筋网、喷射混凝土、锚杆和围岩形成联合受力结构。

在初期支护和二次衬砌之间做直筋为 50mm 的环向排水管，EVA 复合土工布防水层。

二次衬砌是现浇 C25 钢筋混凝土 45cm。

仰拱的初期支护为Ⅰ 20a 钢拱架支撑，纵向间距 75cm，二次衬砌是现浇 C25 钢筋混凝土 35cm。

2. 识读Ⅱ类围岩浅埋段超前支护设计图

如图 14-11 所示为Ⅱ类围岩浅埋段超前支护设计图。该围岩段采用了 ϕ50mm 的超前小导管注浆支护。主要由横断面图、Ⅰ-Ⅰ断面、超前小导管大样图、材料数量表及注释组成。

图 14-11　Ⅱ类围岩浅埋段超前支护设计图

超前小导管采用外径为 50mm、长度为 4.1m、壁厚为 4mm 的热轧无缝钢管，钢管前端呈尖锥状，管壁四周钻有直径为 8mm 的压浆孔，尾部 1.2m 不设压浆孔，详见小导管大样图。超前小导管施工时，导管以 10°的外倾角打入围岩，导管的环向间距为 30cm，导管分布在隧道顶部，每圈 45 根。

横断面图上还表达出初期支护和二次衬砌的断面尺寸。

从Ⅰ-Ⅰ断面上可以看出，两排导管之间的纵向间距为 300cm，两排导管的纵向搭接长度为 1.038m。同时，也可看出超前小导管与钢拱架之间的位置关系。

识读附注中的内容可知：要求小导管的尾部尽可能焊接于钢拱架上，小导管的注浆材料为水泥水玻璃浆。

3. 识读Ⅱ类围岩浅埋段钢拱架支撑构造图

如图 14-12 所示的Ⅱ类围岩浅埋段钢拱架支撑构造图，除立面图外，还有 A 部大样图、

Ⅰ-Ⅰ断面图、Ⅱ-Ⅱ断面图、钢拱架纵向布置图与纵向连接筋大样图。

图 14-12　Ⅱ类围岩浅埋段钢拱架支撑构造图

从立面图中可以看出，每榀钢拱架分为 6 段，段与段之间通过节点 A 连接在一起。由 A 部大样图、Ⅰ-Ⅰ断面图、Ⅱ-Ⅱ断面图及注释中可以了解到连接情况、工字钢断面尺寸、螺栓联接尺寸等。在每段工字钢端部焊接一块 300mm×250mm×20mm 钢板，两块钢板由四个螺栓联接后，骑缝处要焊接牢固。两榀钢拱架之间的纵向间距为 75cm，并在两榀钢拱架之间焊接有纵向连接钢筋 2，纵向连接钢筋 2 的环向距离为 100cm。从纵向连接筋大样图上可以看出，纵向连接钢筋 2 的直径为 25mm，共 37 根。

4. 识读Ⅱ、Ⅲ类围岩浅埋段二次衬砌钢筋构造图

该二次衬砌钢筋构造图由立面图（二次衬砌钢筋构造横断图）、Ⅰ-Ⅰ、Ⅱ-Ⅱ、Ⅲ-Ⅲ断面图，以及 1、2、3、4、5、6 号钢筋的详图来共同表达二次衬砌钢筋的结构情况，另外还有钢筋数量表及注释。识图时应该综合起来分析。

由立面图可以看出该隧道二次衬砌的断面轮廓及断面内钢筋的布置情况，共有 6 种钢筋：拱圈部分的外圈主筋 1、内圈主筋 2 以及箍筋 5；仰拱部分内圈主筋 3、外圈主筋 4 以及箍筋 6。各箍筋的间距均为 40cm，每圈共有箍筋（29 +29 +1+26 +1）根=86 根。有 59 根 5 号箍筋，27 根 6 号箍筋；每延米有箍筋 2.5 圈，每延米共 215 根箍筋。主筋都是直径为 22mm 的Ⅱ级钢筋，箍筋是直径为 8mm 的Ⅰ级钢筋，各钢筋的尺寸与形状可见钢筋详图，不同位置的箍筋尺寸有所不同。

图 14-13 Ⅱ、Ⅲ类围岩浅埋段二次衬砌钢筋构造图

由Ⅰ-Ⅰ断面图和Ⅱ-Ⅱ断面图可以看出，在拱圈顶部的外圈主筋 1 和内圈主筋 2 之间的中心距为 35cm，混凝土保护层厚度为 5cm；在仰拱底部的外圈主筋 4 和内圈主筋 3 之间的中心距为 30cm，混凝土保护层厚度为 5cm。结合Ⅲ-Ⅲ断面图还可以看到箍筋沿纵向（道路中心线方向）的分布情况，即第一圈箍筋与第一、第二、第三圈主筋绑扎在一起；第二圈箍筋与第三、第四、第五圈主筋绑扎在一起，依此类推。

5. 识读隧道一般围岩段防排水设计图

如图 14-14 所示为隧道一般围岩段防水排水设计图。由图可知在一次支护完成之后，安装环向排水管与纵向排水管等排水系统；然后铺设 EVA 复合土工布防水层；之后进行二次衬砌的施工。隧道上部的渗水通过环向弹簧波纹管引入纵向排水管，然后通过横向引水管流入洞内排水沟。电缆槽的渗水通过横向引水管流入洞内排水沟，洞内路面上的积水通过泄水孔流入洞内排水沟。

电缆槽泄水管每 25m 设置一道。环向排水管每道一根，在涌水、突水段贴岩面设置，其间距为：在Ⅱ、Ⅲ类围岩按 10m 一道设计，局部水量大时可酌情增加；在Ⅳ类围岩按 15m 一道设计，局部水量大时可酌情增加。横向引水管的设置间距与环向排水管的设置间距相对应，而双侧排水沟则是全隧道埋设。

连接纵向排水管与横向引水管的三通接头的尺寸为 $\phi100mm \times \phi100 \times \phi100mm$，连接纵向排水管与环向排水管的三通接头的尺寸为 $\phi100mm \times \phi100mm \times \phi50mm$。

一般围岩段防排水设计图 1:100

初期支护
环向排水管
EVA复合土工布
二次衬砌

隧道中心线

电缆槽泄水管
φ50泄水孔
1个/10m

电缆槽泄水管
φ50泄水孔
1个/10m

纵向排水管

横向引水管

横向引水管

纵向排水管

路面

每延米(道)防排水工程数量表

编号	材料名称	规格或形号	单位	数量 Ⅱ	数量 Ⅲ	数量 Ⅳ	备注
1	EVA复合土工布	厚1.0mm,300g/m²	m²	25.9	25.5	25.1	每延米
2	环向排水管	φ50mm弹簧波纹管	m	24.0	23.6	23.5	每道
3	横向引水管	φ10mm弹簧波纹管	m	3.2	3.0	2.6	每道
4	橡胶止水带	YH—2	m	24.0	23.5	23.5	每道
5	纵向排水管	φ100mm弹簧波纹管	m	2.0			每延米
6	三通接头	φ100mm×φ100mm×φ100mm	个	2.0			每道
		φ100mm×φ100mm×φ50mm	个	2.0			每道
7	电缆槽泄水管	φ50mm弹簧波纹管	m	0.6			每道
8	钢筋卡	φ8mm	kg	11.61			每道

A部大样图

二次衬砌

环向排水管
喷射混凝土
EVA复合土工布
纵向排水管
横向引水管

注:1. 本图尺寸除钢筋,管径以毫米计外,其余均以厘米计。
 2. 环向排水管每道一根,在涌水、突水段贴岩面设置,其间距为:
  1) Ⅱ、Ⅲ类围岩按10m一道设计,局部水量大时可酌情增加。
  2) Ⅳ类围岩按15m一道设计,局部水量大时可酌情增加。
 3. 双侧排水沟全隧道埋设,横向引水管的设置间距与环向排水
  管的设置间距相对应,电缆槽泄水管的设置间距每25m一道。
 4. 施工缝,明、暗洞接缝,伸缩缝,沉降缝处设置橡胶止水带,
  施工缝间距按10m计。

图 14-14　隧道一般围岩段防水排水设计图

第 15 章　涵洞与通道工程图

涵洞是公路排水的主要构造物，它渲泄小量流水，与桥梁的区别在于跨径的大小。根据《公路工程技术标准》JTG B01－2003 的规定，凡是单孔跨径小于 5m，多孔总跨径小于 8m，以及圆管涵、箱型涵，不论管径或跨径大小、孔数多少，均属于涵洞。涵洞的设置位置、孔径大小的确定、涵洞形式的选择，都直接关系到公路运输是否畅通。

15.1　涵洞的分类

根据公路沿线的地形、地质、水文及地物、农田等情况的不同，构筑的涵洞种类有很多，分类如下：

（1）按建筑材料分类：木涵、石涵、砖涵、混凝土涵、钢筋混凝土涵、缸瓦管涵、陶瓷管涵。

（2）按构造形式分类：圆管涵、盖板涵、箱型涵、拱涵。

（3）按断面形式分类：圆形涵、卵形涵、拱形涵、梯形涵、矩形涵。

（4）按有无覆土分类：明涵、暗涵。

（5）按孔数多少分类：单孔涵、双孔涵、多孔涵。

涵洞一般由洞身、洞口、基础三部分组成，如图 15-1 所示。

图 15-1　圆管涵的组成

洞身是形成过水孔道的主要构造。它一方面保证流水通过，另一方面也直接承受荷载压力和填土压力，并将压力传给基础。洞身通常由承重构造物（如拱圈、盖板、圆管等）、涵台、基础及防水层组成。

洞口是洞身、路基、沟道三者的连接构造。其作用是保证涵洞基础和两侧路基免受冲刷，使流水进出顺畅。位于涵洞上游侧的洞口称为进水口，位于涵洞下游侧的洞口称为出水口。洞口的形式是多样的，构造也不同，常见的洞口形式有八字式（翼墙式）、锥坡式、端墙式等，如图 15-2 所示。

八字式   锥坡式   端墙式

图 15-2 常见的洞门形式

15.2 涵洞工程图

涵洞的形状整体上看狭窄而细长，体积与桥梁相比较小，因此比例与桥梁工程图相比稍大。包括：立面图（多以水流方向纵剖面图作为立面图）、平面图（有时可作半剖面图）、洞口立面图，必要时还可以增加涵洞的横剖面图、必要的构造详图、翼墙断面图、钢筋配置图等。

本节介绍几种常见的几种涵洞，以说明涵洞工程图的图示内容和方法。

15.2.1 钢筋混凝土盖板涵洞

图 15-3 为单孔钢筋混凝土盖板涵的组成立体示意图，图 15-4 为该涵洞的工程图。

图 15-3 单孔钢筋混凝土盖板涵的组成

图 15-4 钢筋混凝土盖板涵构造图

说明：
1. 本图尺寸以 cm 计；
2. 洞身铺墙用 M2.5 级 M5 砂浆砌筑，盖板用 C15 号钢筋混凝土；
3. 基础埋置深度应视实际情况确定，但最小不得 < 60cm；
4. 本工程施工时，必须安装好上部构造后才准填土。

钢筋混凝土盖板涵	汽车 -15 级
	比例 1：50
净跨 × 台高 =100 × 200	图 号
单孔构造图	

此钢筋混凝土盖板涵工程图的比例为 1:100，洞口形式为八字翼墙式，总长度为 1482cm，洞高为 120cm，净跨为 100cm。

1. 立面图（半纵剖面图）

立面图上表示出了洞身底部设计水流坡度为 1%，洞底铺砌形状及厚度 20cm；洞口八字翼墙坡度为 1:1.5；盖板、基础部分的纵剖面及缘石的横断面形状和尺寸；涵洞覆土的厚度要求大于 50cm。

2. 平面图（半平面图及半剖面图）

半平面图反映了钢筋混凝土盖板的铺设位置及方向、洞口八字翼墙与洞身的连接关系、洞身宽度。半剖面图反映了洞口八字翼墙的材料和洞身材料（这一表示方法是沿上端盖板底面以下作为剖切）。另作 4 个位置断面图，表示各个位置翼墙墙身和基础的详细尺寸、墙身坡度以及材料情况（图中 4-4 未画出）。

3. 洞口立面图（涵洞侧立面图）

反映洞口形式，反映缘石、盖板、八字翼墙、基础之间的相对位置和形状及相关的尺寸。

15.2.2 钢筋混凝土圆管涵

如图 15-5 所示为钢筋混凝土圆管涵工程图。比例为 1:40，洞口为端墙式，洞口两侧铺砌 30cm 厚干砌片石的锥形护坡，涵管内径 75cm，管长 1200m。

图 15-5　钢筋混凝土圆管涵工程图

1. 立面图（半纵剖面图）

立面图可只画一半，以对称中心线为分界线；也可以采用折断画法，意在清楚地表达洞口构造，并简化作图。一般情况沿管子中心轴线作剖切。图中表示了涵管管身、基础、截水墙、缘石等各部分构造和连接位置及尺寸。设计水流坡度为 1%，洞底铺砌厚度为 30cm，路基宽度 16.2m，覆土厚度要求大于 50cm，锥形护坡与路基边坡坡度为 1:1，端墙墙身坡度为 4:1，（未表示出洞身分段）。

2. 平面图（半平面图）

由于进出口一样，并依照立面图而定，平面图也是以中心线分界画一半或折断画出，图中反映了一字端墙顶面、缘石上端面的形状，涵管与端墙相连位置，两侧锥形护坡宽度，洞身分段以粗实线作为分界口，未表示出承接口连接材料。路基边缘线也要用中实线反映在半平面图中。假想未填覆盖土。

3. 洞口立面图（洞口半立面图及 1-1 半剖面图）

洞口半立面图反映了缘石和端墙的侧面形状和尺寸，锥形护坡。1-1 阶梯剖面图反映了涵管与基础垫层的连接方式和材料。为了使图面清晰，覆盖土视为透明体。

15.2.3 石拱涵

石拱涵分三种类型：①普通石拱涵：跨径 1.0～5.0m，墙上填土高度 4m 以下；②高度填土石拱涵：跨径 1.0～4.0m，墙上填土高度为 4.0～12.0m；③阶梯式陡坡石拱涵：跨径 1.0～3.0m。

图 15-6 为单孔端墙式护坡洞口石拱涵工程图。洞身长为 900cm，跨径 $L_0=300cm$，拱圈内弧半径 $R_0=163cm$，拱矢高 $f_0=100cm$，矢跨比 $f_0/L_0=100/300=1/3$。该图样比例为 1:100。

图 15-6　石拱涵工程图

1. 立面图（半纵剖面图）

沿涵洞纵向轴线进行全剖，因两端洞口结构完全相同，故只画出一侧洞口及半涵洞长。立面图表达了洞身的内部结构：洞高、半洞长、基础形状、截水墙等形状及尺寸。

2. 平面图

砖墙内侧面为 4:1 的坡面，与拱涵顶部的交线为椭圆，这一交线需按投影关系画出。平面图表达了端墙、基础、两侧护坡、缘石等结构自上而下的形状、相对位置及各部分的尺寸。

3. 洞口立面图

洞口立面图采用了 1-1 剖面图，反映了洞身、拱顶、洞底、基础的结构、材料及尺寸，同时也表达了洞身与基础的连接方式。

当石拱涵跨径较大时，多采用双孔或多孔，选取洞口立面图可以不作剖面图或者半剖面图。

15.3　通道工程图

由于通道工程的跨径一般也比较小，故视图处理和投影特点与涵洞工程图一样，也是以通道洞身轴线作为纵轴，立面图以纵断面表示，水平投影则以平面图的形式表达，投影过程中同时连同通道支线道路一起投影，从而比较完整地描述了通道的结构布置情况。如图 15-7 所示是某通道的一般布置图。

1. 立面图

从图中可以看出，立面图用纵断面取而代之，高速公路路面宽 26m，边坡采用 1:2，通道净高 3m，长度 26m 与高速路同宽，属明涵形式；洞口为八字墙，为顺接支线原路及外形线条流畅，采用倒八字翼墙，既起到挡土防护作用，又保证了美观。洞口两侧各 20m 支线路面为混凝土路面，厚 20cm，以外为 15cm 厚砂石路面，支线纵向用 2.5% 的单坡，汇集路面水于主线边沟处集中排走，由于通道较长，在通道中部（即高速路中央分隔带）设有采光井，以利通道内采光透亮之需。

2. 平面图及断面图

平面图与立面图对应，反映了通道宽度与支线路面宽度的变化情况、高速路的路面宽度及与支线道路和通道的位置关系。

从平面图可以看出，通道宽 4m，即与高速路正交的两虚线同宽，依投影原理画出通道内轮廓线。通道帽石宽 50cm，长度依倒八字翼墙长确定。通道与高速路夹角为 α，支线两洞口设渐变段与原路顺接，沿高速公路边坡角两边各留出 2m 宽的护坡道，其外侧设有底宽 100cm 的梯形断面排水边沟，边沟内坡面投影宽各 100cm，最外侧设 100cm 宽的挡堤支线，路面排水也流向主线纵向排水边沟。

在图纸最下边还给出了半 I-I、半 II-II 的合成断面图，显示了右侧洞口附近剖切支线路面及附属构造物断面的情况。其混凝土路面厚 20cm、砂垫层 3cm、石灰土厚 15cm、砂砾垫层 10cm。为使读图方便，还给出半洞身断面与半洞口断面的合成图，可以知道该通道为钢筋混凝土箱涵洞身，倒八字翼墙。

通道洞身和各构件的一般构造图及钢筋结构图与前面介绍的桥涵图类似，此不赘述。

注意： 以上三种类型的涵洞及通道工程图只是整体构造图，在实际施工中仅依靠这些图样是远远不能满足施工要求的，还必须给出各部分构件详图、详细尺寸及施工说明等资料，在此略去。

图 15-7　通道工程图

第 16 章　建筑施工图

房屋是建筑工程的典型代表，下面介绍房屋建筑图的基本知识和建筑施工图的内容及绘图方法。房屋建筑按使用性质的不同，可以分为民用建筑和工业建筑两大类。其中因具体功能的差异，民用建筑和工业建筑又可分为多种。

建筑施工图主要内容包括建筑总平面图、建筑平面图、建筑立面图、建筑剖面图和建筑详图。本章将简要介绍建筑工程图的图示内容、绘图步骤及识读方法。

16.1　房屋的组成及其作用

各种不同的建筑物，尽管其使用要求、空间布局、外形处理、结构形式、构造方法、室内设施、规模大小等方面各有特点，但就一幢房屋而言，它不外乎是由基础、墙（或柱）、楼层、地面、屋顶、楼梯和门窗等部分组成，它们处于房屋的不同部位，发挥着各自的功能。

（1）基础位于房屋最下部，承受建筑物的全部荷载并将荷载传给地基。

（2）墙体作为承重构件，它承受由屋顶及各楼层传来的荷载并传给基础；作为围护构件，外墙可以抵御自然界对室内的侵袭，内墙可分隔房间。

（3）楼层和地面可承受家具、设备和人的荷载并传给墙和柱；同时起着水平支撑作用，并且分隔楼层空间。

（4）屋顶位于房屋最上部，既能起到围护作用，防御风寒、雨雪、阳光辐射等，又起承重作用，承受屋顶自重、风雪荷载。

（5）楼梯房屋的垂直交通设施。

（6）门窗具有内外联系，采光、通风、分隔和围护作用。

除上述主要组成部分外，一般建筑物还有台阶、雨篷、阳台、雨水管以及其他各种构配件和装饰等。此外，依照房屋功能、标准和规模的不同，室内还设有给水排水、采暖通风、电气等多种设施，如冷热水、上下水、暖气、燃气、空调、消防、供电、照明、信号、电信、自动控制等。随着科学技术的发展，建筑设备的内容日益丰富和广泛，越来越成为建筑物不可分割的组成部分，为建筑物的使用者带来更多的方便。

图 16-1 为某学校实验楼轴测示意图，为显示内部结构，对该图作了局部剖切。该楼是由钢筋混凝土构件和承重砖墙组成的砌筑结构（俗称砖混结构）。各部分的功能作用如上所述。

图 16-2 为装配式钢筋混凝土折线形屋架的单层工业厂房（俗称排架结构）。横向骨架包括屋架、钢筋混凝土柱和柱基础，它承受屋顶、天窗、外墙以及吊车等荷载。纵向连系杆件包括架设在屋架上的大型屋面板（或檩条）、柱间连系梁、柱子牛腿上的吊车梁等，它们能保证横向骨架的稳定性，并将作用在山墙上的风力或吊车纵向制动力传给柱子。为了保证厂房的整体性和稳定性，往往还需要设置支撑系统（屋架之间的水平和垂直支撑及柱间支撑等）。

图 16-1 民用房屋的组成

图 16-2 工业厂房的组成

16.2 房屋建筑图的分类及有关规定

房屋建筑图一般分为方案图和施工图两大类。

1. 房屋施工图的分类

建造房屋需要经历设计与施工两个阶段，设计阶段又分为两步进行：初步设计和施工图设计。

初步设计的目的是作出方案图，表明建筑物在场地中的位置、平面布置、立面处理、结构形式等。初步设计图（方案图）一般包括总平面图、单体建筑平面图、立面图、剖面图、主要技术经济指标和有关说明。有时加绘透视图或真实感较强的效果图，以便方案选择、设计投标和政府审批。

在方案图基础上加深设计深度，用来指导房屋工程施工的图样，称为房屋建筑施工图，简称施工图。它是用正投影方法将房屋的内外形状和大小，各部分的结构、构造、装饰等的做法，设备布置和安装等，按照"国标"的规定，详细准确地表示出来。施工图是建造房屋的技术依据，房屋施工图一般包含以下内容：

（1）图样目录及设计总说明。

（2）建筑施工图（简称"建施"），包括建筑总平面图、平面图、立面图、剖面图及构造详图。

（3）建筑结构施工图（简称"结施"），包括基础图、结构布置图和结构构件详图及结构设计说明。

（4）设备施工图（简称"设施"），包括给水排水、采暖通风、电器电信等专业设备的总平面图（外线）、平面图、立面图、系统图和制作安装详图及设备安装说明等。

2. 房屋建筑图的有关规定

建筑施工图要符合正投影原理，以及视图、剖面图和断面图等建筑形体的表达方法。为了做到房屋建筑图样基本统一、清晰简明、保证图面质量、简化制图提高效率，还要符合设计、施工、存档等要求，我国制定了《建筑制图标准》等国家标准。这些标准对线型、比例、图例、符号等方面都作了明确的规定。此外，还需要熟悉一些规定的符号和图例，以便绘制和识读建筑工程图。定位轴线编号及标高符号如表 16-1 所示，轴线编号圆圈直径为 8mm（详图中为 10mm）。

（1）线型。在房屋建筑图中，为了表明不同的图样，应采用不同线型和宽度的图线。房屋施工图的图线线型、宽度要按照有关说明选用。绘图时首先根据要绘制图样的复杂程度和规模选定粗实线的宽度 b，则其他线宽就得到确定。对于 b 的确定，建议比例大于或等于 1:10 时选用 1.0mm 或 1.4mm，1:20～1:50 时选 0.7mm，1:100 时选 0.5mm，不大于 1:200 时选 0.35mm。

（2）比例。建筑物的体型一般比较大，根据不同情况选用各种适当的比例来绘制。对整幢建筑物或建筑物的局部都要分别缩小绘制，特别细小的细部或线脚用稍大比例，有时甚至要放大画出。

（3）轴线轴号。房屋工程图必须有轴网和轴号，一般采用正交（即纵横方向轴线呈 90°夹角）轴网。建筑施工图的轴线是施工定位、放线的重要依据。凡是承重墙、柱等主要竖向承重构件，都应该用轴线来确定其位置。对于非承重墙（隔墙、维护墙）、次要的局部承重构件等，则有的用轴线定位，有的用分轴线定位，也可以不设轴线或分轴线，而以其与相近轴线的距离来定位。

定位轴线采用细单点长画线绘制，并且编号。成图中只保留轴网标注。手绘图样的定位轴线在完成作图时需要擦除（或描图时不描），计算机辅助制图时完成作图后要冻结轴线，因为细点画线轴线只是画图过程中定位墙体门窗等用，成图后不再需要保留。

轴线的端部画细实线圆圈，直径为8mm，详图轴号圆圈可以取10mm，圆圈内标注轴号。平面图上定位轴线的编号，只标注两侧时宜标注在下方和左侧，复杂图样均需要四面标注。横向编号采用阿拉伯数字从左向右依次编写，竖向编号采用大写拉丁字母，自下而上编写。参见16.4节建筑平面图和表16-1。

表16-1　定位轴线编号及标高符号（GB50001－2010）

符号	说明	符号	说明
②/2 附加轴线 ①/A ④ ①/0A	普通单根轴线轴号符号 在2号轴线之后附加的第2根轴线 在A轴线之后附加的第1根轴线 在A轴线之前附加的第1根轴线	（数字）	楼地面平面图上的标高符号
		（数字） 45°	立面图、剖面图上的标高符号（用于其他处的形状大小与此图示相同）
① ③	详图中用于两根轴线	（数字） （数字）	用于左边标注
① 3,5,9...	详图中用于两根以上多轴线	（数字） （数字）	用于右边标注
① ～ ⑱	详图中用于两根以上多根连续轴线	（数字）	用于特殊情况标注
○	通用详图的轴线，只画圆圈不注编号	（数字） （7.000） 3500	用于多层标注

当建筑物规模较大（比如由几个部分组合而成）时，定位轴线也可以分区编号，编号的注写形式为"分区号－该区轴线号"，如2-D（轴号圆圈内）表示2区D号轴线，A-5（轴号圆圈内）表示A区5号轴线。

在两个轴线之间需要附加分轴线时，则编号用分数表示，在轴号圆圈内画一通过圆心的45°斜线，斜线右下侧的分母表示前一轴线的编号，斜线左上侧的分子（用阿拉伯数字顺序编写）表示附加轴线的编号。1号轴线或A号轴线之前的附加轴线的分母分别以01或0A表示，如⑩表示1号轴线之前附加的第一根轴线。

大写拉丁字母中的 I、O、Z 不得用作轴号，以免与数字 1、0、2 混淆。

（4）尺寸和标高。标高和建筑总平面图的尺寸单位为 m（米），其余一律以 mm（毫米）为单位，图上的尺寸不需要标注单位。

标高是标注建筑物高度的一种尺寸形式。标高符号的三角形为一等腰直角三角形，接触短横线的角为 90°，三角形的高为 3mm。同一图样上的标高应尽量对齐画出。总平面图和底层平面图中的室外整平地面标高用符号▼表示，标高数字写在涂黑三角形的右上方，也可以书写在涂黑三角形的右侧或上方。涂黑三角形也是等腰直角三角形，高度为 3mm。

标高以 m（米）为单位，单体建筑工程的施工图注写到小数点后三位，在总平面图中注写到小数点后两位。单体建筑工程的零点标高注写成±0.000，负数标高数字前必须加注 "–"，正数标高数字前不加 "+"，标高数字小于 1m 时，小数点前必须加 0，不可以省略。总平面图中的标高形式与上述相同，但保留小数点后位数不同。

标高有绝对标高和相对标高两种。我国把青岛附近某处黄海平均海平面定为绝对标高的零点，其他各地标高都以此为基准。总平面图上的室外整平地面标高就是绝对标高。建筑施工图上有很多标高，如果都用绝对标高，不但数字繁琐，而且各部分的高差不容易直观看出，很不方便。因此除总平面图外，一般都采用相对标高，把底层室内主要地坪的高度定为相对标高的零点，在总说明中说明相对标高的零点对应绝对标高的具体数字。施工放线时，用仪器由附近水准点引测拟建建筑物底层地面标高。

（5）字体。图样上的字体，无论汉字、数字或字母均应该按照第 1 章的规定书写长仿宋字，字号也按规定选用。

（6）图例。建筑物和构筑物是按比例缩小绘出的，对于有些建筑细部、构件形状和建筑材料等往往不能如实画出，也不容易用文字加以说明，所以要按规定的图例和代号来表示，这样可以使图样简单明了。建筑工程制图中有各种规定的图例，表 16-2 是总平面图图例，表 16-3 是建筑图图例，表 16-4 是水暖设备图例。

表 16-2　总平面图图例（GB/T 50103－2010）（摘录）

图例	名称	图例	名称
	新设计的建筑物 右上角以点数或数字表示层数		其他材料露天堆场或露天作业场
	原有的建筑物		露天桥式起重机
	计划扩建的建筑物 或预留地（中粗虚线）	▼	室外标高
	要拆除的建筑物		护坡，垂线密的一侧为坡顶

表 16-3　建筑图图例（GB 50104－2010）（部分）

图例	名称	图例	名称
	门口坡道		空门洞
	底层楼梯		单扇双面弹簧门
	中间层楼梯		单层固定窗
	顶层楼梯		单层外开上悬窗
宽×高或φ 底(顶或中心)标高XX.XXX 宽×高×深或φ 底(顶或中心)标高XX.XXX	墙上顶留洞口 墙上预留槽		单层外开平开窗

表 16-4　水暖设备图图例（GB 50106－2010）（少部分）

名称	图例	名称	图例
生活给水管	——J——	闸阀	
热水回水管	——RH——	室外消火栓	
承插连接		保温管	
法兰连接		止回阀	
淋浴喷头		截止阀	$DN<50$ $DN\geqslant50$

（7）索引符号和详图符号。图样中的某一局部或某一构件和构件之间的连接构造需要另见详图，则应标注索引符号，即在需要另画详图的部位标注索引符号和编号，并在画出的详图上标注详图符号和编号，两者必须一致，以便看图时查找。索引符号的圆和水平直径均以细实线绘制，圆的直径为 10mm。详图符号的圆圈为直径 14mm 的粗实线圆，如表 16-5 所示。

表 16-5　索引符号及详图符号

名称	符号	说明
详图的索引标志	5 —— 详图的编号 —— 详图在本张图样上 5 —— 局部剖面详图的编号 —— 剖面详图在本张图样上	细实线单圆圈直径应为 10mm 详图在本张图样上
	5 / 4 —— 详图的编号 —— 详图所在的图样编号 5 / 4 —— 局部剖面详图的编号 —— 剖面详图所在的图样编号	详图不在本张图样上
	J103 5 / 4 —— 标准图册编号 —— 标准详图编号 —— 详图所在的图样编号	标准详图
详图的标志	5 —— 详图的编号	粗实线单圆圈直径应为 14mm 被索引的在本张图样上
	5 / 2 —— 详图的编号 —— 被索引的图样编号	被索引的不在本张图样上

（8）指北针和风向频率玫瑰图。在底层平面图上应画上指北针。指北针细实线圆的直径一般为 24mm，指针尾端的宽度宜为直径的 1/8。在建筑总平面图上，一般按当地气象资料绘制风向频率玫瑰图，根据当地的风向资料，将全年中不同风向的吹风频率用同一比例画在十六方位线上连接而成，图中实线距离中点最远的风向表示吹风频率最高，称为常年主导风向，图中虚线表示当地夏季六、七、八三个月的风向频率。《建筑设计资料集》中有全国各主要城市的风玫瑰图，但不是所有城市都有风玫瑰图。

由于本节介绍的图例只是国标规定中的很少一部分，在制图和读图时必定不够用，这就需要查阅相关的标准资料，不得有丝毫的差错。

16.3 设计总说明和建筑总平面图

1. 设计总说明

设计总说明主要对图样上未能详细注写的材料和做法等要求作出具体的文字说明。

设计总说明一般放在首页，首页有时还有图样目录，或者有总平面图、门窗表，有时是以上两项或三项的组合。小型工程的设计总说明可以把建筑和结构设计说明合并在一起，放在建筑施工图内。复杂或大型工程一般分专业编写设计总说明。

建筑设计总说明的内容一般如下。

（1）设计依据。

1）设计任务书，主要包括工程名称、建设单位、建设地点、规模（用地面积、建筑面积等）、投资额、建筑性质（用途）、各种用房的技术要求、内外装修要求等。

2）建设场地的地形、地貌、市政管网参数。

3）工程地质勘查报告。

4）工程建设投资立项批件。

5）国有土地使用证（具体文号及附件）。

6）城市规划部门对该项工程的批件及文号。

7）设计依据的规范、标准（详列名称和编号）。

（2）工程设计概况。

1）主要建筑技术经济指标。包括占地面积、总建筑面积、层数（地上×层、地下×层）、建筑总高度、建筑密度、建筑容积率。如果是星级宾馆或体育、演出建筑，还需要相应的技术经济指标。

2）主要使用功能。指主要用房的构成及技术要求。

3）建筑设计构思。分析场地环境特征包括建筑硬环境和软环境，主次出入口与道路的关系、人车物流线设计、功能分区的原则，平面形式、体型与建筑体量，立面造型、建筑风格、历史文脉的地域特色。采用新材料、新技术情况，环保节水节能方面情况。

4）建筑防火设计。包括建筑物耐火等级的确定、高层建筑类别的确定，总平面防火设计包括建筑物间距、消防通道、防火分隔和建筑构造，安全疏散设计包括楼梯间、消防电梯的位置形式和数量。

5）建筑卫生设计。主要包括采光、通风、隔声、防噪声、饮食建筑卫生等。

6）人防工程设计。主要包括人防等级确定、人防面积确定、平战结合设计、出入口通道设计等。

（3）门窗包括门窗表。组合门窗和非标准窗要有门窗立面图，有的还要有门窗性能（如防火、隔声、抗风压、保温、空气渗透、雨水渗透等技术参数）要求的说明。

（4）室内外装修。

1）室内装修。包括地面材质及构造、色彩、分格、施工工艺要求，墙面材质、构造、色彩、质感等工艺说明，吊顶材质、构造、色彩、施工安装工艺说明，可以采用室内装修做法表的形式。

2）室外装修。对重点部位装修材料材质、施工及安装工艺作出补充说明。规模较小的简单工程可以直接在立面图、剖面图中注明室外装修做法。

（5）其他设计说明。

1）±0.000相当于绝对标高的数值。

2）施工放样说明。

3）建筑配件说明，如雨水管、明沟或散水、窗台板、窗帘盒、厕所隔断、楼梯栏杆、油漆等，底层安全防范设施，信报箱的选用说明。

4）防水、保温、隔热、隔声等建筑技术说明。

（6）计算书。

1）总建筑面积。总建筑面积=地下建筑面积+底层公共建筑面积+标准层建筑面积+顶层建筑面积+裙房建筑面积（根据实际情况）。

2）声学计算，构件隔声计算等。

3）采暖居住建筑部分的建筑节能计算。

2. 建筑总平面图

（1）建筑总平面图的概念。

建筑总平面图是在建筑地域上空向地面投射所形成的水平投影图。建筑总平面图表明建筑地域内的自然环境和规划设计状况，表示一项建筑工程的总体布局。它是新建房屋及其配套设施施工定位、土方施工及施工现场布置的依据，也是规划设计水、暖、电等专业工程总平面和绘制管线综合图的依据。建筑总平面图俗称"总平面图"。

（2）总平面图的图示内容。

1）图名、图例。

2）环境状况。建筑地域的地理环境及位置、用地范围、地形、原有建筑物、构筑物、道路、管网、池塘、护坡等。总平面图内容的繁简因工程的规模和性质而异。如在原有建筑群中新建（扩建或改建）房屋，只需要在总平面图上用图例表明新建筑与原有建筑物的位置关系。对于开辟新区的大工程项目，往往占地比较广阔，环境多样，总平面图应画出地形等高线和坐标方格网，其内容涉及众多方面，繁简差异也很大。建筑物室内地面和室外地面的标高都用绝对标高。

3）布置状态。新建（扩建、改建）区域建筑物、构筑物、道路、广场、绿化区域的总体布置情况及建筑物的层数。标明建筑物的平面组合、外包尺寸（占地面积）和层数。

4）位置确定。新建工程在建筑地域内的位置。对于小型工程或在已有建筑群中的新建工程，一般是根据地域内和邻近的永久固定设施（建筑物、道路等），引出其相对位置；对于包括项目繁多、规模较大的大型工程，往往占地广阔、地形复杂，为了确保定位放线的准确，通常采用坐标方格网来确定它们的位置。

常用的坐标有两种形式，即测量坐标网和施工坐标网。一般在建筑地域的测区内选一控制点（它是由工程勘测阶段的测量成果提供的）作为坐标原点。通过坐标原点的南北方向称为纵坐标轴方向，用X表示；通过坐标原点的东西方向称为横坐标轴方向，用Y表示。并以100m×100m或50m×50m为一方格，这样就形成了测量坐标网。如果房屋的方向和X、Y轴向平行，房屋各角点的坐标值就直接标定出来。如果房屋不是正南正北方向，可在X、Y坐标网上建立专门的施工坐标网，轴线用A、B表示，A相当于测量坐标网的X轴，B相当于测量坐标网的Y轴，施工坐标网的轴线应与主要建筑物的基本轴线相平行。A、B坐标方格网和X、Y

坐标方格网之间的夹角关系应标注出来。如果无施工坐标时应标出主要建筑群的轴线与测量坐标轴线的交角。在总平面图中，坐标网格应用细实线表示，测量坐标网应画成交叉十字线，施工坐标网应画成网格通线，如图 16-3 所示。

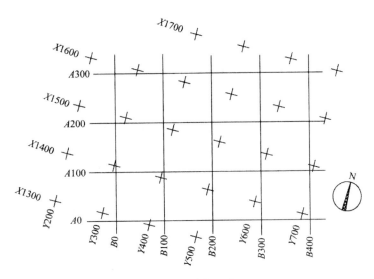

图 16-3　坐标网络

　　5）有关尺寸。新建建筑物的大小尺寸、首层（底层）室内地面、室外整平地面和道路的绝对标高，新建建筑物、构筑物、道路、场地（绿地）等的有关距离尺寸。标高和距离都以 m（米）为单位，并至少取到小数点后两位。

　　6）方位。新建建筑物须标注指北针或当地的风玫瑰图来确定建筑物方位朝向。

　　7）其他内容。新建建筑物室外的道路、绿化带、围墙等的布置和要求（至于水、暖、电设备的管道设施等，另有专业外线总平面图）。

　　8）文字说明的内容。有关建设依据和工程情况的说明，包括工程规模、投资、主要技术经济指标、用地范围以及有关环境条件的资料等；建筑物位置确定的有关事项；关于总体标高和水准引测点的说明；补充图例说明，对"国标"未予规定的自用图例，必须在图内全部列出；建筑地域的地点及批准的建筑红线位置。

　　（3）总平面图的绘制。

　　总平面图一般采用较小的比例，如 1:500、1:1000、1:2000 等。首先，根据资料确定定位网格；其次，将新建建筑物的占地平面图形画出，并标注角点坐标数值（X-Y 坐标或 A-B 坐标）。然后，将其他内容全部绘制清楚（上述内容）即可。

　　（4）总平面图的识读。

　　1）了解工程图名。在总平面图中，除了在标题栏内注有工程名称外，各单项工程的名称在图中的平面图例内也都有注明，以便识读。

　　2）了解图样比例。由于总平面图表达的范围较大，所以绘制时采用较小的比例，如 1:500、1:1000、1:2000 等。

　　3）了解设计说明。总平面图中，除了用图形表达外，还有其他文字说明，应注意阅读。

　　4）了解建筑位置。建筑物的位置由与固定设施的相对关系或者坐标方格网决定。

5）了解朝向及风向。污染较大的项目一般布置在全年主导风向的下风位。房屋垂直于夏季主导风向布置，能取得良好的通风降温效果。

6）地形与标高。了解建筑地面的形状和室内、室外地面的标高（绝对标高）。

7）高度与面积。了解建筑物的平面组合情况、外包尺寸（占地面积）和层数。

8）了解图例。总平面图中常有图例，应注意阅读。

9）附属设施。了解新建建筑物室外的道路、绿化带、围墙等的布置和要求。

图 16-4 为某实验楼的总平面图。图中用粗实线画出的图形是新建的实验室的底层平面轮廓，用细实线画出的是原有的建筑物。各个平面图内的小黑点个数表示该房屋的层数。新建的实验室 4 层，定位是按照实验楼北面与原有教学楼的北墙面一条线对齐，实验室东面距原有实验楼 16.5m；西面距原有教学楼 16m；北面有围墙，建筑、道路、硬地、围墙之间为绿化地带。图名右侧注有比例 1:200（此图制版时比例有改变，已不是 1:200 了，书中其他图也如此，不符合标注的比例）。

图 16-4　某实验楼的总平面图

图 16-4 是较小的总平面图，没有坐标网格线。如果是规模较大的工程，通常采用坐标方格网来确定它们的位置。

16.4　建筑平面图

1. 建筑平面图的概念

建筑平面图是指假想对某个建筑物作水平剖切（除屋顶平面图外），所得到的水平全剖视图，习惯上称为平面图。房屋建筑的平面图，水平剖切平面的位置一般选在窗台以上、楼梯休息平台以下范围内。

建筑平面图是表示建筑物平面形状，房间、出入口、楼梯、走廊、阳台及墙（柱）等布置，门窗类型，建筑材料等情况的图样，是施工放线、墙体砌筑、门窗安装、室内装修等项施工的依据。

对于多层建筑物，原则上应画出每一层的平面图。如果一幢房屋的中间层各楼层平面布局相同则可共用一个平面图，图名应为"×至×层平面图"，也可称为"中间层平面图"或"标准层平面图"。因此 3 层及 3 层以上的房屋，至少应有 3 个平面图，即底层平面图、标准（或中间）层平面图、顶层平面图。

对于大部分相同只有局部不同的平面图，可以另绘局部平面图。如果顶层的平面布置与标准层平面布置完全相同，而只有顶层楼梯间的布置及画法与标准层不相同，可以只画出局部的顶层楼梯间平面图。

进出口踏步、花台（花池）、雨水管、明沟散水等一般只在底层平面图上表示（根据实际情况，特殊情况下也有在二层的，比如场地不在一个平面的山区建筑），进出口处的雨篷只在雨篷所在楼层的上一层平面图上表示（一般是在二层平面图上）。

除上述的楼层平面图外，建筑平面图还有屋面（屋顶）平面图和顶棚平面图。屋面平面图是屋顶部分的水平投影；顶棚平面图则是室内天花板构造或图案的表现图。对于顶棚平面图，一般使用"镜像"图。

当建筑物左右对称时，也可将不同的两层平面图左、右各画出一半拼在一起，中间以对称符号分界。

2. 建筑平面图的图示内容和要求

（1）空间布局和建筑构件。建筑平面图包含水平剖切平面剖到的以及投射方向可见的房间和建筑构件，如墙体、柱子、楼梯、门窗以及室外设施等内容，建筑物的平面形状、房间的平面布置情况即各房间的分隔和组合，房间名称或者编号（编号代表的房间名称宜在同一图样中注明），民用建筑主要房间净面积，出入口、门厅、走廊、楼梯等的布置和相互关系，定位轴线及索引符号等，厕所和盥洗室的固定设施布置。底层平面图中还应标出剖面图的剖切位置和表达建筑物朝向的指北针。楼梯一般要标注上下楼方向箭头和踏步级数，上下方向箭头的标注要以该层主要楼地面为参照依据，从该层楼地面到高的地方去要标注"上××级"，去低的地方标注"下××级"，踏步级数指从该层到另一个相近楼层的级数，一般不是一个梯段的级数（除了一跑直梯）。底层平面图中应画出水落管。如图 16-5 所示为某实验楼底层平面图实例，二至四层平面图如图 16-6 所示。

（2）尺寸和标高。建筑平面图必须标注足够的尺寸（以 mm 计）和必要的标高（以 m 计）。

三道主要尺寸是：最内侧的第一道尺寸是外墙上门窗洞口的宽度和窗间墙的尺寸（从轴线起注）；中间第二道尺寸是定位轴线的间距（开间和进深）；最外侧的第三道尺寸是房屋两端外墙面之间的总长和总宽。其他需要标注在外墙外侧的细部尺寸在图形轮廓线和第一道尺寸线之间标注。

此外，还要标注某些局部尺寸，如内外墙厚度、柱子和墙垛的断面尺寸、内墙上门窗洞口尺寸及其定位尺寸、台阶与花台花池尺寸、底层楼梯起步尺寸，以及某些内外装饰的主要尺寸和某些固定设备的定位尺寸等。以上尺寸除装饰构件外，均不包括粉刷层厚度。尺寸标注既要明了又要简洁，不应过多标注。

底层平面图 1:100墙厚240

图 16-5 某实验楼底层平面图

标准层(二至四)平面图 (1:100)

图 16-6 某实验楼二至四层平面图

各层楼地面、室外地面、楼梯休息平台、台阶、阳台及坑槽或洞底上表面应注有标高。平面图要有定位轴网，轴线的绘制、轴号的编号方法按 16.2 节要求。

（3）图线。建筑图中的图线应粗细分明。被剖切到的墙、柱断面轮廓线用粗实线（b）画，没有剖切到的可见轮廓线，如窗台、台阶、散水或明沟、梯段、阳台、花台花池等用中粗线（0.5b）画，尺寸线、标高符号、定位轴线的圆圈用细实线（0.25b）画，轴线用细点画线画。粉刷层在 1:100 的平面图中不必画出，在 1:50 或更大比例的平面图中用细实线画出。底层平面图中表示剖切位置的剖切线用粗实线画。

（4）图例。平面图最常用的比例是 1:100，其次是 1:200 和 1:50，门窗均按规定图例来画。方案图中可以不标注门窗编号，施工图中门窗必须编号或使用代号。门窗的具体形式和尺寸可在相应的立面图、剖面图及门窗图集中查阅。

在平面图中剖到的断面部分应该画出材料图例，但在 1:100、1:200 的小比例平面图中剖到的砖墙一般不画材料图例，而是在透明图纸背面涂红，这样在晒出的蓝图上可以很清楚地识别。在 1:50 的平面图中砖墙也可以背面涂红，但在大于 1:50 的平面图上应该画出材料图例。剖到的钢筋混凝土构件断面一般在小于 1:50 比例时（或断面较窄时）涂黑。

对位于图示投影范围以外而又需要表达的建筑构造和设备，如高窗、通气孔、沟槽、搁板、吊橱及起重机等不可见部分，按图例用虚线表示。

（5）门窗表。建筑平面图一般应附有门窗表，如表 16-6 所示。表格中填写门窗的编号、名称、尺寸、数量及其所选用的标准图集的编号等内容，同编号的门窗类型相同，构造和尺寸都一样。门窗表的作用是统计门窗的种类和数量，以备订货、加工用。

表 16-6　门窗表

门窗编号	洞口尺寸		数量			标准图集代号
	宽度/mm	高度/mm	一层	二至四层	合计	
M1	3960	3000	1		1	
M2	1500	3000	1		1	xx-xx-xx
M3	900	2400	5	各4	17	"
M4	900	2400	5	各5	20	"
M5	900	2100	2	各1	5	"
M6	900	2100	1	各1	4	"
M7	1500	2400		各1	3	"
C1	2700	2100	8	各8	32	xx-xx-xx
C2	3200	2100	4	各4	16	"
C3	2100	2100	1	各2	7	"
C4	1800	1500	4	各4	16	"
C5	1500	2100	3	各5	18	"
C6	1500	900	1		1	"
C7	1200	1800	1		1	"

（6）屋面平面图。表明屋顶的平面形状、屋顶水箱（如果有则画）、屋面坡度（有时以

高差表示）、排水方向（箭头指向下坡方向）、排水天沟位置及宽度、排水管的布置、挑檐、女儿墙和屋脊线、烟囱、上人孔洞口及其他设施（电梯间、水箱等）、详图索引等。由于屋顶平面图比较简单，可以用较小的比例（如 1:200）绘制。如图 16-7 所示为屋面平面图实例。

图 16-7　屋面平面图

（7）局部平面图。当某些布置内容较多的局部在较小的平面图中表达不够清楚时，可用大一些的比例绘制局部平面图。

3．建筑平面图的详细内容

（1）层次、图名、比例。

（2）纵横定位轴线及其编号。

（3）房间的组合和分隔，墙柱断面形状、尺寸。

（4）门窗布置及型号、编号代号。

（5）楼梯梯级的形式，梯段走向和级数。

（6）建筑构配件：台阶、花台花池、雨篷、阳台、散水明沟及各种装饰构件等的位置、形状和尺寸，厕所、盥洗室、厨房等房间固定设施的布置。

（7）必要的尺寸、标高及某些坡度和下坡方向的标注。

（8）底层平面图中标注剖面图的剖切位置、剖视方向及其编号、指北针。

（9）屋顶平面图应标出屋顶形状、排水方向与坡度（或排水高差）、挑檐女儿墙、上人孔、排水天沟或檐沟、水落管等屋面其他构配件和某些轴线等。

（10）详图索引符号。

（11）房间名称（可编写代号）、净面积。

（12）某些技术经济指标和简短的文字说明。

4．建筑平面图的绘制步骤

绘制建筑平面图所采用的线型、比例、图例符号等，都应该符合"国标"的有关规定。

绘制建筑平面图的一般步骤如下：

（1）绘制平面图上的纵、横定位轴线，它是建筑施工时定位放线的控制线，也是绘图时确定图形位置的基准线。然后，在轴线两边画出墙和柱的断面轮廓线，如图 16-8 所示。

（2）在内、外墙上定出门窗位置，画出台阶、散水、花池等设施及其他细部构造。

（3）画出详图索引符号及剖切符号、指北针、轴线圈、尺寸线、图名线等。

（4）填写标注内容。

（a）第一步　　　　　　　　　　　　（b）第二步

（c）第三步　　　　　　　　　　　　（d）第四步

图 16-8　建筑平面图的绘制步骤

（5）检查校对，加粗加深图线或描图。

建筑平面图的绘制步骤如图 16-8 所示。某实验室的楼层平面图实例如图 16-6 所示。

5. 建筑平面图的阅读

建筑平面图的阅读步骤如下：

（1）阅读图名。了解工程项目及图样名称。

（2）看指北针。寻找主要出入口的朝向。

（3）分析布局。由底层到顶层依次分析平面图形状及布局情况。

（4）分析定位轴线及其尺寸。开间尺寸、进深尺寸、走廊宽度、墙厚尺寸、门窗尺寸、房间面积、室外地坪和楼地面标高等。

（5）阅读局部平面图。查阅有关符号、查阅索引的详图或标准图集，了解其详细构造和做法。

（6）阅读屋顶平面图。分析屋面（包括屋檐）构造、做法及排水情况。

16.5　建筑立面图

1．建筑立面图的概念

建筑立面图简称立面图，是建筑立面的正投影图，用来展示建筑物的立面外形，并表明外墙面装饰要求等内容的图样。立面图通常根据建筑物的朝向命名，如南立面图、东立面图等。也可用建筑物两端定位轴线编号命名，如"①—⑩轴立面图""⑩—①轴立面图"，还可将建筑物主要出入口的一面（一般反映了建筑物外貌主要特征）作为正面，于是就有"正立面图""背立面图""左立面图""右立面图"等。当房屋平面形状比较复杂时，还需加画其他方向或其他部位（如内天井）的立面图。

对于圆形建筑物，可分段展开绘制；对形状不规则的建筑物，可按不同方向分别绘制立面图；此外，也可将与基本投影面不平行的立面旋至平行位置，再按直接投影法绘制，在这种立面图的图名后注写"展开"二字。

2．建筑立面图的图示内容

（1）建筑物的外轮廓线。

（2）建筑构件配件，如外墙、梁、柱、挑檐、阳台、门窗等。

（3）建筑外表面造型和花饰及颜色等。

（4）尺寸标注，立面图上主要标注标高，必要时也可标注高度方向和水平方向的尺寸。

如图16-9所示为实验楼的正立面图。立面图上的高度尺寸主要用标高的形式来标注。应标注出室内外地面、门窗洞口的上下口、女儿墙压顶面（如为挑檐则注挑檐顶面）、屋顶水箱顶面、进出口台阶顶面以及雨篷和阳台底面等的标高。图中的标高应尽量上下对齐标注。

图16-9　实验楼的正立面图

标注标高时，除门窗洞口不包括粉刷层外，要注意有建筑标高和结构标高之分。建筑标高是指包括粉刷层在内的装修完成后的构件上顶面的高度，如楼地面标高、女儿墙顶面、阳台栏杆顶面的标高。结构标高是指不包括粉刷层的构件下底面高度（以便于支模板或安装预制构件），如雨篷底面和梁底的标高。

立面图中有时还需要标注一些没有另画详图的局部尺寸。凡需要绘制或索引图集详图的部位，均应画上详图索引符号。

立面面层装饰做法一般可在立面图上注写文字来说明。

3．建筑立面图的绘制步骤

（1）画出图形两端的轴线和轮廓线。

（2）画门窗洞口，由门窗洞口标高定出窗洞上、下口线条的位置，量出门窗洞口宽度并画线；以上两步如图 16-10（a）所示。

（3）画出几个门窗分格线，如图 16-10（b）所示。

（4）画雨篷、雨水管、台阶、花坛等细部构造。

（5）画图名线、引出线、标高符号、尺寸线、图例等。图 16-9 上的窗是推拉窗，左右箭头表示推拉方向。门的铰链一般安装在靠墙一侧，立面图上的门（窗）开启方向线为细实线时表示向外开，为细虚线时表示向内开。细实线和细虚线有时表示双层门窗，分别内开和外开。但因为平面图中的门均有开启方式，所以可以不在立面图上标注门的开启方向。

（a）第一步

（b）第二步

图 16-10　绘制建筑立面图的简要步骤

（c）第三步

图 16-10　绘制建筑立面图的简要步骤（续图）

（6）填写标注（含装饰内容），写图名、比例，如图 16-10（c）所示。

（7）检查，加深图线，完成全部内容，如图 16-9 所示。注意：立面图的最外一条轮廓线应为粗实线（b），而其余可见轮廓线为中粗实线（0.56）和细实线（0.25b），地面线为加粗线（1.4b）。

立面图与剖面图左右相邻时，应使其地平线在一条直线上。

在绘制构配件和外墙装饰线条时，应考虑立面的清晰美观和绘图简便，允许适当地简化；对于相同类型的门窗，各画出一个代表性的带有框扇分格线的完整图形，其余的均可以简略表示；对相同的阳台、屋檐、窗口、墙面装饰图案等，可有代表性地画出一个完整的图形，其余的只画出轮廓线；对于比较简单的对称建筑物，立面图可绘制一半，在对称轴线处需要标出对称符号。一般将正立面和背立面各画一半，在对称轴线处标出对称符号。

如图 16-9 所示为实验楼的正立面图实例，墙面装饰要求在施工说明中注写，此处略。

4. 立面图的阅读

阅读立面图应该按照先整体、后细部的规律进行：

（1）看图名、比例，明确投射方向。

（2）看立面图两端的定位轴线及其编号。

（3）分析图形外轮廓线和屋顶外形，明确立面造型。

（4）对照平面图，分析外墙面上门窗位置、种类、形式和数量（查对门窗表）。

（5）分析细部构造，如台阶、阳台、雨篷、雨水管雨水斗的位置、形状、材料和做法等。

（6）标高及局部尺寸。

（7）阅读文字说明、符号、各种装饰线条以及索引的详图或标准图集。

16.6　建筑剖面图

1. 建筑剖面图的概念

假想用平行于建筑物外立面的平面在铅垂方向上剖切建筑物所得的全剖视图，称为剖面图。它是表示建筑物的建筑构造和空间布置的工程图样，与平面图、立面图相配套。如图 16-11

所示为实验楼的 1-1 剖面图，剖切符号如图 16-5 所示。

图 16-11　实验楼建筑剖面图

建筑剖面图是表示建筑物内部铅垂方向的高度、分层、竖向空间利用以及简要的结构形式和构造方式的图样，如屋顶形式、屋面坡度、檐口形式、楼板布置、楼梯形式及其简要的结构构造等。

剖面图的剖切位置应选择在内部结构和构造比较复杂或有代表性的部位，剖面图的数量以建筑物的复杂程度和实际情况来确定。图 16-11 的剖切位置就是通过主要出入口（大门）、门厅和楼梯部分，这是建筑内部结构和构造比较复杂及变化较多的部位。一般剖切位置都应该通过门窗洞口，以表示门窗洞口的高度及铅垂方向的位置和构造。如果采用一个剖切面剖切的全剖面图不能满足要求，而又没有必要多绘制一个剖面图时，可以采用两个平行剖切平面剖切（转折剖切）的方式绘制剖面图。

2. 建筑剖面图的图示内容

建筑剖面图应画出建筑物被剖切后的全部断面实形及投影方向可见的建筑构造和构配件的投影。其中包括：

（1）建筑物内部的分层情况、各建筑部位的高度、房间进深（或开间）、走廊的宽度（或长度）、楼梯的分段和分级等。

（2）主要承重构件（如各层地面、楼面、屋面的梁、板位置以及与墙体）的相互关系。

（3）室外地坪、楼地面、楼梯休息平台、阳台、台阶等处的（完成面）标高和高度尺寸，以及檐口、门、窗的（毛面）标高和高度尺寸；某些梁底和雨篷板底的标高。

外墙的竖向尺寸一般标注三道尺寸。第一道尺寸为门、窗洞及洞间墙的高度尺寸，楼面以上和以下部分分别标注。第二道尺寸为层高尺寸，即底层地面至二层楼面、二层楼面至三层楼面等，顶层楼面至檐口处屋面顶面，还要注出室内外地面高差尺寸和檐口处屋面至女儿墙压顶顶面或挑檐顶面的尺寸。第三道尺寸是室外地面以上房屋的总高度，即室外地面至女儿墙或挑檐顶面（粉刷完成面）的高度尺寸。此外，还需要标注某些局部尺寸，如内墙上的门、窗洞高度、窗台高度，以及一些不另画详图的（如栏杆扶手的高度、屋檐和雨篷的挑出尺寸及剖面图两侧轴线间的距离尺寸等）部分。

剖面图上的标高也有建筑标高与结构标高之分，即当标注上顶面标高时应标注到粉刷完成后的顶面，如楼地面标高；而标注构件的底面标高时应标注到不包括粉刷层的结构底面，如各种梁和板的底面标高。但门窗洞口的上顶面和下底面均应标注到不含粉刷层的结构面。

（4）墙、柱的定位轴线及详图索引符号等有关标注。

（5）其他建筑部位的构造和工程做法等。

注意被剖切到的断面上要按照"国标"规定绘制材料图例。除了构造非常简单和有地下室的建筑物之外，一般不画地面以下部分，而只在室内外地面以下的基础墙上画折断线。基础部分由结构施工图中的基础图来表示。

在 1:100 的剖面图中，室内外地面的层次和做法由剖面节点详图或施工说明来表达，一般选用标准图集或通用图，在剖面图中只用一条加粗线（1.46）表示室内外地面线。

3．建筑剖面图的绘制步骤

（1）画楼地面线、屋面线、内外墙（或仅两侧外墙）轴线以及墙身轮廓线，如图 16-12（a）所示。

（2）画出楼面及休息平台的厚度线，在 1:100 的剖面图中只画两条粗实线表示楼板结构面和面层的总厚度，板底的粉刷层厚度一般不表示。剖到的墙体用两条粗实线表示，也不包括粉刷层厚度。室内外地平线用加粗线（1.4b），画出楼梯梯段、踏步及扶手栏杆，并在内外墙体上画出门窗洞口位置，如图 16-12（b）所示。除画出剖切到的梁板、雨篷、阳台、孔洞、屋顶水箱、明沟散水等的位置、形状、图例外，还应画出未剖切的可见部分，如墙面及其凹凸轮廓、梁柱、阳台、雨篷、门窗、可见的楼梯梯段和扶手、女儿墙压顶、可见的内外墙轮廓线、可见的踢脚和勒脚，用中粗实线（0.5b）；门窗扇及其分格线、水斗和雨水管、外墙分格线（包括引条线等）用细实线（0.25b），尺寸线、尺寸界线和标高符号都用细实线。

（3）画出材料图例及门窗图例等。剖面图中砖墙和混凝土等材料图例画法与平面图相同。

（4）标注尺寸、标高如图 16-12（c）所示。剖面图应标注剖到部位的尺寸和标高。

（5）标注详图索引符号、图名、比例、画图名线。

对于不同比例的剖面图，绘制要求不同，其抹灰层、楼地面、材料图例的省略画法应符合"国标"中的有关规定：

（1）比例>1:50 的平面图、剖面图，应画出抹灰层与楼地面的面层线，并画出材料图例。

（2）比例=1:50 的平面图、剖面图，应画出楼地面的面层线，抹灰层是否画出应根据需要而定。

（3）比例<1:50 的平面图、剖面图，可以不画材料图例，但要画出楼地面的面层线。

（4）比例为 1:100～1:200 的平面图、剖面图，可简化材料图例，砖墙可涂红、钢筋混凝土涂黑，但需要画出楼地面的面层线。

（a）第一步 　　　　（b）第二步 　　　　（c）第三步

图 16-12 剖面图的绘制步骤

（5）比例小于 1:200 的平面图、剖面图，可不画材料图例，剖面图中楼地面的面层线可根据需要而定。

当剖面图与立面图以同一比例画在同一图纸上时，相邻的立面图或剖面图绘制在同一水平线上，图中有关的尺寸及标高标注在同一竖直线上。

图 16-5 中标有 2-2 剖切符号，读者可分析其内容，自行练习绘制 2-2 剖面图。

4. 建筑剖面图的阅读步骤

（1）阅读图名、比例及轴线编号，并与底层平面图上的剖切标记相对照，以明确剖切位置和投射方向。

（2）分析建筑物的内部空间布局与构造，了解建筑物从地面到屋顶各部位的构造形式，墙体、柱、梁、板之间的相互关系，查明建筑材料及工程做法。

（3）阅读剖面图上的标注和尺寸。图 16-11 的 1-1 剖面图，其剖切位置需见图 16-5 底层平面图（位于轴线③和④轴线之间）。1-1 剖面图剖到了门厅、楼梯、各楼层、地面和屋面，从剖面图可以看出该实验楼为砖和钢筋混凝土的混合结构，各部分的尺寸及标高也一目了然。

16.7　建筑详图

1. 详图概念

将平面图、立面图、剖面图表达得不够清楚的建筑细部（如某些建筑构配件门、窗、楼梯、阳台、各种装饰等）和某些建筑剖面节点（如檐口、窗台、明沟或散水、楼地面层和屋顶层等），用较大的比例进行详尽绘制（包括式样、层次、做法、尺寸和用料等）的图样称为建筑详图。建筑详图通常有墙身剖面节点详图、建筑构配件详图、房间详图、门窗详图和楼梯详图等。套用标准图或通用详图的建筑构配件和剖面节点，只需注明所套用图集的名称（图集编号）、页次及详图编号，可以不再另画详图。

　　图样中的某一局部或构件如需另见详图，应以索引符号索引；详图的下方应标注详图符号和编号，有时还需要用文字注写详图名称。索引符号和详图符号的画法、要求如表 16-5 所示。建筑平面图、立面图、剖面图中标注的索引符号与详图的编号要相互对应，以便正确读图。

　　2. 平面详图（局部平面图）

　　平面图中若有某局部表达得不够清楚而需要更详细的表达时，就要用到平面详图。平面详图就是用大比例绘制的局部平面图。有时详图中还可再次索引详图，甚至多次嵌套索引。例如，如图 16-13 所示的卫生间局部平面图中有 3 处索引符号，表明详细情况需要查询标准图集 LJ111，需要查询的详图分别在第 5 页、第 21 页、第 66 页。

图 16-13　卫生间的局部平面图

　　3. 墙身剖面详图

　　墙身剖面详图一般由墙身各主要建筑部位等剖面节点详图组成。详图中应显示屋顶和挑檐、楼地面、门窗过梁和窗台以及散水等构造、尺寸、用料及其与墙身其他构件的连接。各标准层楼面的构造相同时，图中只需画出一个楼板节点详图。用不带括号的数字表示二层楼面节点详图的标高，用括号内的数字表示其他标准层的楼板节点的标高，如图 16-14 所示。

　　图 16-14 为外墙的剖面详图（施工图不需要绘制右边的轴测图，本图为了便于理解加绘了轴测图）。各标准层楼面的构造相同，图中只画出了一个楼板节点详图。在标注楼板节点的标高时，不带括号的数字表示二层楼面节点详图的标高，用括号内的数字表示其他标准层的楼板节点的标高。

图 16-14　墙身剖面节点详图

（1）详图 1 是檐口剖面节点详图，表示挑檐处的排水构造。该部位由屋面板和挑檐（兼作天沟板和窗过梁）组成。屋面板水平铺设，利用保温层找坡，坡度是 3.5%，挑檐同时作天沟板，天沟板内也有一定的坡度以便排水到雨水口，通过雨水斗、雨水管将雨水排泄到散水或明沟。详图中注明了屋面的详细分层做法。挑檐外侧底部有滴水斜口（有时作滴水槽），挑檐顶部也有类似构造（本详图中没有表示出来），挑檐顶部抹灰时做成外高内低，以便雨水向内排，不致于污染挑檐外侧。详图中雨水口的做法另索引了详图。

（2）详图 2 是窗台剖面节点详图。窗台内侧使用了花岗石窗台板，宽度为 300mm，厚度为 40mm，窗台外侧抹灰时做出一定坡度，外低内高，以利于排水。如果窗台外挑，则在窗台底面做滴水槽口或滴水斜口。详图 2 注明了内外墙面的详细做法。

（3）详图 3 是窗顶剖面节点详图。过梁的外侧底部有半径为 10mm 的滴水槽。图中注明了楼面分层做法。室内踢脚的高度是 150mm，厚度是 25mm。楼面标高 3.500mm 是二层室内楼面的相对标高，括号内的 7.000 和 10.500 分别是三层、四层的楼面标高。

（4）详图 4 是窗、墙根处剖面节点详图。由于实验楼的外墙贴瓷砖，所以没有做勒脚。

室内地面以下 30~50mm 处有防潮层，其作用是隔离土壤中的水分和潮气，防止水分和潮气从基础墙向上渗透侵蚀上部墙身。防潮层可以是钢筋混凝土或油毛毡。图中有地面做法、散水做法，踢脚的材料是花岗石，标注了室内外标高和轴线编号，以及水落管下部管口的形状和大致高度。

墙身剖面节点详图通常用 1:10、1:20 或 1:50 的比例，所以在详图上应画出建筑材料的图例符号，如砖墙、钢筋混凝土板、挑梁、过梁、多孔蛭石混凝土屋面等，并在墙身、楼地面和顶棚等处画出抹灰线，表示粉刷层的厚度。对于屋面和楼地面的多层建筑，一般用文字加以说明。凡是引用标准图的部位，都以索引符号注明标准图集的图集名称、编号及详图图号，其构造及尺寸无须详细画出。例如，图中的雨水口采用了标准图集 LJ104 的 17 页第二图的做法，详图中不必重复。

4. 楼梯详图

楼梯是二层以上建筑物的垂直交通设施，其构造与尺寸应满足人流通行和物品搬运的要求。楼梯的建筑形式主要有两跑楼梯、三跑楼梯、螺旋楼梯等，结构形式有板式楼梯、梁式楼梯、悬挑楼梯、悬挂楼梯等，主要使用钢筋混凝土。两跑的钢筋混凝土板式楼梯最常用，本章实验楼采用的就是这种楼梯。以下所述均以此类楼梯为例。

楼梯主要由楼梯板（梯段板）、休息平台、扶手栏杆（或栏板）及楼梯梁等组成。楼梯的构造比较复杂，除了在剖面图中需要表达外，一般还需要另画详图。楼梯详图一般由楼梯平面图（或局部平面图）、剖面图（或局部剖面图）和节点详图组成。楼梯详图主要表明楼梯类型、结构形式、梯段、栏杆（栏板）扶手、防滑条等各部位的详细构造方式、尺寸及装修做法。一般楼梯的建筑详图和结构详图分别绘制，但简单楼梯也可将建筑详图和结构详图合并，列入建筑施工图或结构施工图内。

楼梯平面图是各层楼梯的水平剖面图，其剖切位置在本层向上的第一梯段内，即休息平台以下、窗台以上的范围，如图 16-15 所示。它表明梯段的水平长度和宽度、平台的宽度和栏杆扶手的位置以及其他一些应表达的内容。梯段被剖切处的剖切交线画法按照"国标"规定以倾斜的折断线表示。多层房屋至少应有"底层""中间层""顶层"三个楼梯平面图。

楼梯平面图应标注楼梯间的轴线编号、轴线之间距离（即开间、进深尺寸）、梯段水平长度尺寸（通常以踏面数和踏面宽度乘积的形式表示）和宽度尺寸、标高（楼地面、平台、楼梯梁底等）、上下行指示箭头、两层之间的踏步级数等。

图 16-15　楼梯详图

底层平面图上应标有楼梯剖面图的剖切位置。应标注一层到二层的踏级数，向下 3 步表示从一层地面到楼梯平台下的小房间有三步台阶。

标准（中间）层平面图表示中间楼层（本例中就是二、三层）的楼梯平面图，二、三层楼梯假想水平剖切后，不但可以看到本层上行梯段的部分踏步，还可以看到下一层的部分梯段。"上22级"和"下22级"是指从二层到三层（三层到四层）是 22 级，从二层到一层（三层到二层）也是 22 级。应该特别注意，当一层楼梯采用不等跑梯段而其他楼层采用等跑梯段时，包含二层的标准层应该在标注踏级数时加以区分，不要标错。

顶（四）层平面图只有下行梯段，可以看到两个下行梯段的全部梯级及顶层楼面上的栏杆（栏板）、扶手等，所以只画下行箭头方向。注意要把栏杆（栏板）画完整。

画各层楼梯平面图可以采用画等距平行格线的方法，所画的每一分格表示梯级的一级踏面。由于梯段上端一个踏面与平台或楼面重合，所以楼梯平面图中每一个梯段画出的踏面格数比该梯段的级数少一个，即梯段长度=每一级踏面宽×（梯段级数－1）。

楼梯平面图的主要作图步骤是：第一步，根据平台宽度（平台宽度不得小于梯段净宽，平台适当宽一点有利于搬运家具或物品）定出平台线，再以上述梯段长度计算公式算出的长度确定梯段另一端的梯级起步线；第二步，用等分两条已知平行线的方法来分格；第三步，画栏杆扶手，画方向箭头标注踏级数。

楼梯剖面图是以铅垂剖切平面通过各层楼梯的一个梯段和门窗洞口剖切，并且向未剖切的梯段方向作投影。楼梯剖面图表示各梯段的踏级数、踏级的宽度和高度、楼梯的构造、各层平台与楼面的高度及其相互关系、楼梯梁的位置、断面形状等。如中间各层楼梯的构造相同，可以只画出底层、中间层和顶层三段剖面图，其他部分断开不画；通常不画基础；屋面也可不画。

图 16-15 中的 3-3 剖面图中，每层上行的第二个梯段被剖切，而第一个梯段是可见梯段。

楼梯剖面图中应标注每层楼地面、平台面的标高及梯段、栏杆（栏板）的高度尺寸。

梯段的高度尺寸可用踏级数和踏级高度的乘积形式来标注。

楼梯剖面图的作图步骤是：第一步，画出各层楼面（地面）和平台及楼板的断面；第二步，分格，竖向分格的数量与梯段踏步级数相同。

楼梯栏杆的埋设、扶手及踏步等细部构造，由索引符号可知另有详图表示。其详图分别为地方标准图集 LJ107 中的第 11 页、第 18 页、第 21 页中的 6 号、5 号、4 号详图，此处略。

楼梯平面图和剖面图一般采用 1:50 的比例绘制，节点详图一般采用 1:10 或更大的比例绘制。

通常将底层、中间层和顶层平面图画在同一张图纸上，既可以省略重复标注，又便于阅读。为了压缩篇幅，图 16-15 中略去了顶层平面图和 6、5、4 三个节点详图。

5. 门窗详图

采用标准门窗时不必绘制门窗详图，但必须在门窗表内注明所选用的标准图集代号及门窗图号（见表 16-5）。特殊情况下，新设计的门窗必须画门窗详图。

门窗详图的绘制要求：门窗立面图表示门窗的外形（外立面图）、开启方式、主要尺寸和节点索引标志，门窗详图包括门窗立面图及节点详图，通常采用 1:10、1:20 或 1:50 的比例绘制。绘制立面图的线型，外轮廓线采用粗线，其他都用细线。如图 16-16 所示为铝合金大门的详图实例。

图 16-16　铝合金大门的详图

图中铝合金大门的外围尺寸要比门洞小一些，一般每个边小 10mm，以便于施工安装。门的上部是固定的，仅供采光用，两侧也各有一个固定玻璃用于采光，中间是可以开启的双扇弹簧门（自由门）。

详图索引符号 ☺ 的粗实线表示剖面节点详图剖切位置，细引出线表示剖视方向，引出线在粗实线下方表示向下看。

6. 建筑详图的主要内容

（1）详图名称、比例。

（2）详图符号及其编号，以及再另画详图时的索引符号。

（3）建筑构配件的形状及与其他构配件连接的详细构造、层次、详细尺寸和材料图例。

（4）详细注明各部位和层次的用料、做法、颜色以及施工要求。

（5）某些定位轴线及轴线编号。

（6）需要标注的标高。

16.8 工业厂房简介

工业厂房的图示原理和方法与民用房屋施工图一样，只是由于使用要求不同，在施工图上所反映的某些内容、图例及符号也有所不同。

1. 平面图

如图 16-17 所示，从标题栏可知，这是某通用机械厂的机修车间。车间的平面图为一矩形，其横向轴线①～⑩，共有 9 个开间，轴线之间的距离为 6000mm，两端角柱与轴线有 500mm 的距离。纵向轴线Ⓐ、Ⓑ通过柱子外侧表面与墙内侧表面的结合面。柱子是工字形断面的钢筋混凝土柱。车间内有一台桥式起重机，用图例 ▨▨▨ 表示，起重量为 50kN，跨度为 16.5m。室内两侧的粗点划线表示起重机的轨道位置；上下起重机用的梯子，在②～③轴间的Ⓑ轴内侧，其构造详图选标准图集 J410。为了运输方便，出入口处设坡道，4 个大门的编号都是 M3033（M 表示门代号，30 表示门宽为 3000mm，33 表示门高为 3300mm）。室外四周设散水。在山墙上距Ⓑ轴线 1000mm 处设有消防梯。

2. 立面图

从图中可以看到厂房立面上窗和墙板的位置及其编号，共有三种条形窗；屋面设有通风天窗；厂房墙面是由条板装配而成，图中注出了条板和条窗的高度尺寸。条板、条窗、压条和大门的规格和数量列表说明（此处略）。

3. 剖面图

从平面图中的剖切位置线可知，1-1 剖面图为阶梯剖面图。从图中可以看到牛腿柱的侧面，T 形起重机梁搁置在柱子的牛腿上，桥式起重机架在起重机梁的轨道上（起重机是用立面图例表示的）。从图中还可以看到屋架的形式、屋面板的布置、天窗的形式、檐口和天沟等情况。剖面图中的主要尺寸应完整，如柱顶、轨顶、室内外地面标高、墙板、门窗各部位的高度尺寸等。

4. 详图

详图一般包括檐口屋面节点、墙柱节点等详图。通过这些图样表达其位置及构造的详细情况，如图 16-17 所示的檐口天沟节点详图①。

图 16-17　机修车间

16.9　地下建筑工程图简介

1．地下建筑的分类

若按地下建筑的使用性质与功能可分为军用、民用、公用、工业、交通、储仓等，如图16-18 所示。按建造形式可分为单建式（专用建设）和附建式（地上建筑的附带部分）两大类。民用地下建筑主要是附建式地下室。

（a）地下油库　　　　（b）地下铁道　　　　（c）地下室　　　　（d）地下人工洞

（e）单建式　　　　　　　　（f）附建式

图 16-18　地下建筑形式

2．地下建筑工程图必须表达的内容

由于地下建筑的类型和用途不同，建筑内容和要求都有较大差异。所以不同的建筑，其图示内容的繁简差别也较大。一般情况下，不可缺少的内容应有出入口、通风口、照明电器和防护设施等。此外，还有与地上建筑相同的内容，如房间大小及布置情况、门窗分布及尺寸、空间高度及标高、墙壁厚度及定位轴线等内容。

3．地下建筑工程图的图示特点和方法

所有的地下建筑都有一个共性图示特点，即不需要绘制建筑物的外形（立面）视图，全部内容都依靠剖面图来表达，包括水平剖切和垂直剖切。水平剖切仍然是每层取一个剖切位置并向水平面投射。竖向则采用多个铅垂剖切平面来表达其内部空间组合及其相互关系。局部详图表达方法与地上建筑相同。

平面图主要表明地下建筑的平面形状、大小尺寸、内部布局和相互关系。剖面图表达地下室内部垂直方向的空间组合建筑结构形式、构造、高度及地下室与上部建筑的关系，其剖切位置应选在建筑内部结构和构造较复杂或有变化的部位。剖面图的个数应视地下建筑的复杂程度和实际需要而定。有特殊要求时需加文字说明。

第 17 章　水利工程图

17.1　概述

表达水利工程建筑物及其设计施工过程的投影视图称为水利工程图，简称水工图。水工建筑物（如拦河坝、水电站、水闸、船闸、渡槽、涵洞等）是为利用或控制自然界的水资源而修建的工程设施。它们一般形体庞大、综合性强，通常建筑在复杂多变的地形面或水中。反映水利工程的图纸包含水工建筑物、房屋建筑、道路、机械、电气、管线、水文和工程地质等专业的内容。

水利工程兴建一般需要经过规划、勘测、设计、施工、验收等几个阶段，各个阶段对视图均有不同的要求。规划阶段有规划图；勘测阶段有地形图、地质图；设计阶段有枢纽布置图、建筑物构造图、结构图；施工阶段有施工详图；验收阶段有竣工图。

就水利工程图而言，无论它们的形式和建筑材料如何不同，但在画图方面，采用的都是前面所讲的理论和方法，这是各专业一致的共同基础，运用这些理论和方法，结合水工图的图示特点来阅读和绘制枢纽大坝、电厂、引水渠、水闸、船闸等水工图。

17.1.1　规划示意图

规划图是示意性视图，按照水利工程的范围大小，有流域规划图、水利资源综合利用规划图、地区或灌区规划图等。

规划图通常绘制在地形图上，图 17-1 是某河流域规划图，图中示出在河道上拟建四个水电站，第一级电站处形成了水库，并通过压力式隧洞引水到一级电站，同样又分别在不同地段的峡谷中建坝，利用水落差建立了二、三、四级电站。

图 17-1　某河流域规划图

17.1.2　枢纽布置图

在水利工程中，由若干个水工建筑物有机组合、互相协同工作的综合体称为水利枢纽。每个枢纽都以它的主要任务命名，如以发电为主的称为水力发电水利枢纽；以灌溉为主的称为灌溉水利枢纽。

把整个水利枢纽主要建筑物的平面图形绘制在地形图上，这种图形称为水利枢纽布置图。

如图 17-2 所示是某河电站枢纽布置图。枢纽布置图的主要作用是说明平面布置情况，作为各建筑物定位施工放样、土石方施工及绘制施工总平面图的依据。

图 17-2　某河电站枢纽布置图

枢纽布置图一般包括以下内容：

（1）水利枢纽所在地区的地形、地物、河流、水流方向（用箭头表示）、所用比例、地理方位（画指北针）、水准标高和主要建筑物控制点（基准点）的测量坐标。

（2）各建筑物的平面形状及其相互位置。

（3）各建筑物与地形面相交的情况。

（4）各建筑物的主要标高高程及其他主要尺寸。

17.1.3　建筑结构图

建筑物的视图一般可分为两类：一类只表示建筑物的形状大小、外观尺寸，可称为构造图；另一类为结构图，是以某一对象的工程，根据受力安全需要而选用的材料结构布置图，如分部或细部标注出材料的构造图，以及钢筋混凝土图等。

建筑结构图应包括以下主要内容：

（1）表示建筑物整体的形状、大小、构造以及所选用的材料类别、规格。

（2）表示建筑物基础的地质情况及建筑物与地基的连接方法。

（3）表示建筑物与相邻建筑物的连接情况。

（4）表示建筑物工作条件，如上下游各种设计水位、水面曲线等。

（5）表示建筑物细部构造的形状、大小、结构、材料类别及规格。

（6）表示建筑上附属设备的位置。

17.1.4　施工图

同建筑工程和道路工程一样，按照设计要求，用来指导工程施工的视图统称为施工图。建筑结构图也是施工图的一部分。同时，施工过程中的施工组织、施工程序、施工方法等内容与施工图一样，统称施工文件。如施工场地布置图、基础开挖图、大体积混凝土分块浇筑图、流程图等都是属于施工图范畴的施工文件。

17.2　水工图的表达方法

17.2.1　视图的选择及配置

水利工程是一个系统工程，内容广泛，涉及面宽，图纸包含了水工建筑物、房屋、道路、机械、电气、管线等专业内容的视图。其中，建筑工程图、道路工程图已分别讲解过。各专业工程都具有其各自的特点，专业视图的表达虽有不同的规定和要求，但它们表达的基本原理和方法却一致。对于水工图，同样是应用正投影法的三视图和标高投影。

水工图上常用的三视图，即本书前面所介绍正投影第一分角的三视图——平面图（俯视图）、立面图（正视图）、侧面图（侧视图）。水工图同样采用了大量的剖视图（剖面图）、剖面图（断面图）和图例来表示工程构造的形状、大小和使用的材料。

注意：水利工程图中的剖视图，与建筑工程、道路工程图中的剖视图（也称剖面图）含义相同。其意指用假想剖切平面剖开形体，把处在观察者和剖切平面之间的部分移去，再把剩余的部分形体向投影面投影所得的图形，是立体的投影；水工图中的剖面图则类似于建筑工程图和道路工程图中的断面图，仅表示剖切平面接触部分的图形，是平面的投影（详见第八章剖面和断面图）。本章按《水利水电工程制图标准》（SL 73—95）中的称呼，仍称之为剖视图、剖面图。

1. 主要视图的选择与配置

在水工图中，因为平面图反映建筑物的平面布置以及建筑物与地面的关系等情况，所以平面图往往是一个较为重要的视图。对于坝、电站的平面图，通常选取水流方向为自上而下，并用箭头表示水流方向，如图 17-3 所示。对于过水建筑物，如水闸、涵洞、溢洪道等平面图，则通常选取水流方向选为自左向右。为了区分河流的左岸和右岸，一般面向顺水流方向，左边叫做左岸，右边叫做右岸。视图中表示水流方向的符号，根据需要可按图 17-4（a）～（c）所示的形式绘制。平面图上指北针可根据地形图情况而定，如果是国家统一绘制的地形图，则地形图上标有坐标网格，用（X，Y）或（N，E）表示坐标。本章用（N，E）表示。E 指向东，N 指向北，图中字母 N 字头朝北，E 字头朝西。等高线高程数字字头朝向高处。专业内容的字头朝向除按专业规定外，图中地物、地名及测点字体的字头一律朝北，因此，可以不标注指北针。若局部小范围的地形平面图显示不出坐标网格，就要标出指北针符号，如图 17-4（d）、（e）所示。指北针一般画在图的左上角。

图 17-3　土坝视图的配置

（a）水流符号　　（b）水流符号　　　　（c）水流符号　　　（d）指北针符号　　　（e）指北针符号

图 17-4　水流及指北针符号的画法

2. 视图的名称标注

为了看图方便，每个视图都要标注图名，图名格式应统一，可标在视图的下方或统一标在上方。视图应尽可能按投影关系配置。

17.2.2 比例

水工建筑物一般都比较庞大，所以水工图通常采用较小的比例。绘制视图时，比例大小，宜根据建筑物的大小及其复杂程度和图幅大小选择。

为了便于读图和画图，建筑物同一部分的几个视图应尽可能采用同一比例，在特殊情况下，允许同一视图中的铅垂方向和水平方向分别采用不同的比例，如渠道的纵断面图、引水隧道的纵断图等。如图 17-3 所示，土坝的长度和高度两个方向，尺寸相差较大，所以在下游立面图上，其高度方向采用的比例比长度方向大，显然这种视图不能反映建筑物的真实形状。

各种常用比例如下：

规划图	1:2 000～1:10 000
布置图	1:200～1:5 000
结构图	1:50～1:500
详图	1:5～1:50

17.2.3 图线

水利工程应采用《水利水电工程制图标准》（SL 73.1～SL 73.6）中规定的实线、虚线和点划线的宽度（分为粗、中粗、细三个等级，详见第 12 章），并要求在同一张图纸上，同一等级的图线的宽度应一致。

当图上线条较多、较密时，可按图线的不同等级，将建筑物的外轮廓线、剖视图的断面轮廓等用粗线画出，将廊道断面轮廓、闸门、工作桥等用中粗线画出，使所表达的内容重点突出、主次分明。

为了增加图样的明显性，水工图上的曲面应用细实线画出其若干素线，斜坡面应画出示坡线，如图 17-5 所示。

（a）

（b）

图 17-5 曲面加素线

17.2.4 其他表达方法

水工图项目多、涉及专业多，为了能准确又简单地表示出工程图，水工图上采用大量特殊画法，如展开画法、省略画法、拆卸（分层局部剖面）画法及简化画法。这些画法在本书剖面图和断面图部分已作详细的叙述。

1. 局部放大图

当形体的局部结构由于图形的比例较小而表示不清楚或不便于注写尺寸时，可采用建筑工程图中的索引符号和详图符号进行表示，并将这些局部结构用较大的比例绘制，称为局部放大图或详图，如图 17-6 所示。其表达方法是：在原图形上用细实线圆表示需要放大的部位，用索引符号引出，引出线指出要画详图的地方，在线上另一端画一细实线圆，直径为 10mm。圆内细实水平线上方标明该详图的编号，下半圆用阿拉伯数字注明详图所在的图纸号。若详图画在本张图纸内，则细线下半圆用"—"表示。

（a）投影图　　　　　　　　　　　（b）详图

图 17-6　索引符号画详图（尺寸单位：cm）

2. 图例表示

当图形的比例较小致使某些细部构造无法在图中表示清楚，或者某些附属设备（如闸门、启闭机、吊车等）因另有专门的图纸表示，不需要在图上详细画出时，可以在图中相应部位画出图例，如表 17-1 所示。

表 17-1　水工建筑常用图例

名称		图例	说明	名称	图例	说明
水库	大型		水库边缘徒手画；水线水平	混凝土坝		地面交线徒手画
	小型		河流徒手画；水线水平；圆直径 8mm~10mm	土石坝		地面交线徒手画
水电站	大比例尺		用尺子画；小圆表示机组	水闸		用尺子画
	小比例尺		水线水平；圆直径 8mm~10mm	船闸		用尺子画

续表

名称	图例	说明	名称	图例	说明
弧形闸门	a) c) b) d)	用尺子、圆规画； a）侧面图； b）平面图； c）上游立面图； d）下游立面图	溢洪道		用尺子画；素线用细线
			跌水		用尺子画
虹吸	（大） （小）	用尺子画	渡槽		用尺子画

17.2.5　水工图的尺寸标注

标注尺寸的基本规则和方法在前面的有关章节中已作详细介绍，这里主要根据水工图的特点，讨论水工图的尺寸标注。

1. 铅垂尺寸的注法

（1）标高的注法。

水工图中的标高是采用国家规定的海平面为基准来标注的。标高尺寸包括符号和数字两部分。

1）立面图和铅垂方向的剖视图、剖面图中，标高符号的尖端向下指（也可以向上指），符号的尖端必须与被标注高度的轮廓线或引出线接触，标高数字一般注在标高符号的右边，如图 17-7 所示。

（a）　　　　　　　　　　　　　　　　（b）

图 17-7　标高的注法

标高数字一律以米（m）为单位。零点标高的高程注成 ±0.000，负数标高数字前加注"−"，正数标高数字前一律不加"+"号。

2）平面图中的标高符号也可采用如图 17-7 所示细实线画出的矩形线框表示，标高数字写入线框中。当图形较小时，可将符号引出标注，如图 17-7（a）所示，或断开有关图线后标注，如图 17-7（b）所示。

3）水面标高（简称水位）的符号如图 17-7（a）所示，水面线以下画三条细实线，从中也可看出特征水位标高的标注形式。

（2）高度尺寸。

铅垂方向的尺寸可以只注标高，也可以既注标高又注高度。对结构本身尺寸和定型工程设计，一般采用标注高度的方法。

2. 水平尺寸注法

（1）基准面和基准点。

水利枢纽中各建筑物的位置都是以所选定的基准点或基准线进行放样定位。基准点的平面位置是根据测量坐标确定的，两个基准点相连即确定了基准线的平面位置。如图 17-2 所示的某河流电站枢纽平面图中，坝轴线的位置由坝端 A、B 两个基准点的测量坐标（N，E）确定，坝轴线的走向用方位角表示，以建筑物轴线（大坝）或建筑物上的主要轮廓线为基准来标注尺寸。如图 17-17 所示的水闸，其宽度尺寸就是以中心线为基准来标注的。

（2）连接圆弧的尺寸注法。

连接圆弧要注出圆弧所对圆心角的角度。角的一个边用箭头指到与圆弧连接的切点（图 17-8 中的 M 点）；角的另一边带箭头（也可不带箭头）指到连接圆弧的另一端点（图 17-8 中的 N 点）。在指向切点的角的一边上注写圆弧的半径尺寸，连接圆弧的圆心、切点以及圆弧另一端点的标高及其之间的长度方向尺寸均应注出，如图 17-8 所示。

溢流坝顶面曲线坐标表（$Y=0.056\,509X^{1.85}$）							（尺寸单位:cm）	
X	100	200	300	500	800	1 200	1 400	1 666
Y	5.7	20.4	43.1	111	264.8	560.5	745.5	1 028.5

图 17-8　圆弧及非圆弧曲线的尺寸注法

（3）非圆曲线的尺寸注法。

通常是在图纸上列表写出非圆曲线（如溢流曲线）上各点的坐标，如图 17-8 中的坐标值表。

（4）桩号注法。

水工建筑物河道、堤坝、渠道及隧洞的轴线，中心线的长度，可用"桩号"的方式进行标注。桩号标注形式为 K±m，K 为公里数，m 为米数。如图 17-9 所示为隧洞的桩号标注法，图中 K0+030 表示隧洞的起点桩，第二号桩为 K0+037，两桩之间相距 7m。桩号数字一般垂直于轴线方向，字头朝前进方向注写且注在同一侧，当轴线为折线时，转折点处的桩号数字应重复标注。

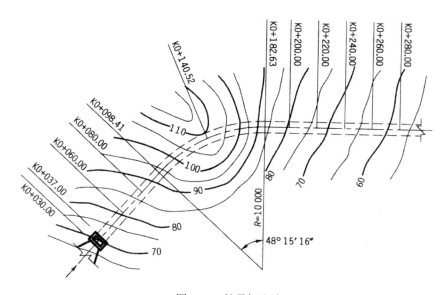

图 17-9　桩号标注法

（5）不同类型水工图的尺寸标注。

表达水工建筑物的顺序一般是先总体再分部结构，最后表达细部构造。因此，不同类型的水工图之间形成了一定的层次关系，其表达范围和对尺寸的要求也不相同。

1）枢纽布置图。一般应标注出设计基准面、建筑物的主要标高及其他尺寸，设计基准面在图上表现为通过基准点的直线——基准线，用以确定水工建筑物的平面位置。

2）结构图。一般应标注出建筑物的总体尺寸、建筑结构的定形和定位尺寸、细部结构和附件的定位尺寸等。

3）细部详图。一般应标出细部的详细尺寸。

4）尺寸单位。除了里程、标高以米（m）计外，枢纽布置图一般以米（m）计，水工结构物一般以厘米（cm）为单位，单独厂房设计一般以毫米（mm）为单位。由于水工结构物多由系统项目组成，尺寸单位有所不同，所以要求每张水工图纸均应对尺寸单位进行说明。

除上述之外，水工结构物的尺寸标注类似于建筑工程和道路交通工程，比如，都允许采用封闭尺寸和重复尺寸，以便于读图和施工。

17.3 水工图的阅读和绘制

17.3.1 水工图的阅读

前面已经讲过水利工程是一个系统工程，它是地形图、地质图、大坝、渠道、厂房、道路交通等系列工程项目的综合。阅读水工图的方法，同阅读建筑工程图、交通工程图一样，即水工建筑物也是由基本形体组成，同样可以采用形体分析的方法来分析水工图。分析每一构件的形状和大小，再通过枢纽布置图把它们联系起来。弄清楚彼此间的关系就不难了解整个水工建筑物的面貌了。因此，可归纳为先概括了解，再深入探讨；先整体后局部，然后再综合为整体。阅读枢纽布置图，则要了解枢纽的地理位置、地形、河流状况，各建筑物的位置、主要尺寸、相互关系。通过结构图了解各建筑物的名称、功能、结构类型，各组成部分的构造形状、大小、作用相互位置，所用的材料以及附属设备的位置和用途。

1. 概括了解

（1）了解建筑物的名称和作用，识读任何工程图都要先从目录开始，了解图纸数及各张图纸的内容，阅读总说明，阅读平面布置图，了解水工建筑物所处的地理环境、自然条件，进一步了解水工建筑的名称、类型、主要技术指标、施工条件和施工措施，再阅读各视图图样上的相关说明以了解建筑物的名称、作用、比例、尺寸单位以及施工要求等内容。

（2）分析视图，了解各视图的名称、作用及其相互关系，采用了哪些视图、剖视图、剖面图、详图，有哪些特殊表达方法，各剖视图、剖面图的剖切位置和观察方向，然后以一个特征明显的投影图或构造关系比较清楚的剖视图为主，结合其他投影图，简要了解建筑物的组成部分及其作用。

2. 形体分析

水工建筑物属于复杂的工程形体，可将建筑物分为几个主要组成部分，参照基本几何形体，读懂各组成部分的形状、大小、构造和所使用的材料。

将建筑物分成哪几个主要组成部分，可根据它们组成部分的作用或特点来划分，或沿水流方向把建筑物分成几段，也可以沿标高方向将建筑物分为几层。读图时需灵活运用这几种方法。

要了解各主要组成部分的形体，应采用对线条、找投影、识形体的方法。一般以基本形体分析法为主，以线面分析法为辅进行读图。

对照尺寸进一步读图，想象水工建筑物空间形状大小，并检查有无错误或遗漏。

应当注意，读图时不能孤立地只看一个视图，应以特征明显的视图为主，结合投影图、剖视图、剖面图、详图、工程数量表、说明等，运用投影规律互相对照，并注意水工图的特点进行分析，弄清整体。

3. 综合归纳

最后，通过归纳总结，对建筑物（或建筑群）的大小、形状、位置功能、构造特点、结构类型以及所使用的材料等有一个完整和清晰的了解。

17.3.2　读图举例

例 17-1　阅读枢纽布置图，如图 17-2 和图 17-10 所示。

1. 枢纽的功能及组成

枢纽主体工程由拦河坝和引水发电系统两部分组成。拦河坝包括非溢流坝和溢流坝，用于拦截河流、蓄水和抬高上游水位。

拦河坝按建筑材料，可分为混凝土坝、砌石坝和土坝；按结构，可分为重力坝和拱坝。本例属于重力式混凝土坝。溢流坝在高程为 121.20m 上设弧形闸门，用水位差和流量，通过水轮发电机组进行发电。它由进水口段、引水管、蜗壳、尾水管及水电站厂房等组成。

2. 视图表达

本工程由平面图、下游立面图、剖视图及剖面图表达总体布置，枢纽图中较多地采用了示意、简化、省略的表示方法。

要完整地表达枢纽图所示工程，必须配置大坝、廊洞、防水构造、闸墩、闸门工作桥、厂房、道路等一系列图纸和详图，才能详细地表达如图 17-2 和图 17-10 所示的工程。

图 17-10　某河流电站下游立面图

枢纽平面布置图表达了地形、地貌、河流、指北针、坝轴线及其他建筑物的位置。

（1）地形部分。

1）比例。从说明可知，本图比例为 1:1000。

2）指北针。枢纽布置图上应画指北针或画出坐标网体系，以标出枢纽所在地区的方位和朝向。本图采用坐标网体系。图中"+N652 600，E365 900"表示两垂直线交点坐标。字母 N 朝北为北向，距坐标网原点北 625 600m，东 365 900m。

3）地形地物。地形图表达了枢纽所在位置的地形地物，即地面起伏情况和河流、房屋、道路、农田等位置。表示地物的常用图例如表 16-1 所示。显然，从地形上看，河流由西北流向东南，大坝轴线由西南指向东北。图上还标有 GI301/161.933 的坐标测量控制点，该点位编号为 GI301，且水准高程为 161.933m。

（2）建筑物部分。

下游立面图表达了河谷断面、溢流坝、非溢流坝及发电厂的立面布置和主要标高。

剖视图和剖面图分别表达了溢流坝和非溢流坝的断面形状和结构布置，引水发电系统和水电站的结构布置。

1）非溢流坝。根据枢纽平面图和下游立面图看出编号 1～6、11～17 坝段为非溢流坝，各坝段之间设伸缩缝，断面形状查看相应的 3-3 剖面（图 17-11），其大小尺寸、结构布置、所用材料显示清楚。如图 17-12 所示是非溢流坝的立体图。

图 17-11　非溢流坝剖视图

图 17-12　非溢流坝立体示意图

2）溢流坝。溢流坝设在编号 7～10 坝段上，其中，7、10 两段设计成部分溢流形式，8、9 两段为全溢流形式，坝段的分缝设在闸孔的中间处。坝的过水表面设计为柱面形式，而柱面的导线由抛物线和三段圆弧连接而成，见图 17-10 中 1-1 剖视图的剖切位置，如图 17-13 所示。坝段分缝中止水铜片沿上游面及溢流面弯曲布置。溢流坝上部设有闸墩、闸门、工作桥、牛腿、导水墙及检修门槽等。闸门、工作桥、启闭机等属于坝的附属设备，图中采用了示意和省略的表示方法。闸门的极限运动位置采用假想的表示方法。溢流坝的立体图如图 17-14 所示。

溢流坝曲线方程
$Y=0.068\ 3X^{1.85}$

止水铜片

坝体排水

C15混凝土

$\underline{1-1}$ 1:500

图 17-13　溢流坝剖视图（尺寸单位：cm；高程单位：m）

工作桥

交通桥

牛腿

廊道

止水铜片

溢流坝

⑩

⑨

帷幕灌浆

图 17-14　溢流坝立体示意图

　　根据枢纽平面布置图和下游立面图，可知引水发电系统布置在编号 6、7 坝段。2-2 采用阶梯剖视，剖切平面通过引水管中心线及水轮机、尾水管中心线。在引水系统中，水流经拦污栅进入进水口、引水管、蜗壳、导叶，推动水轮机组运转发电。

进水口前设拦污设备，以防杂物流入管道，如图 17-15 所示。图中采用拆卸表示法（分层局部剖面），未将拦污栅画出。进水口做成柱面，且通常设有检修门槽和工作门槽。引水系统的立体图如图 17-16 所示。

图 17-15　引水系统剖视图（尺寸单位：cm；标高单位：m）

图 17-16　引水系统立体示意图

　　通过阅读枢纽布置图，进一步明确各构件的形状及其总体联系，明确了大坝的形式、坝段数量、溢流坝、非溢流、进水孔总体尺寸以及各主要构件的相互关系，各构件的各部分标高及总的技术说明（略）作为施工时放样、施工、安装构件和控制标高的依据。

　　例 17-2　水闸设计图如图 17-17 所示。

　　水闸是修建在天然河道或人工灌溉渠系上的建筑物。按照水闸在水利工程中所担负的任务不同，可分为进水闸、节制闸、分洪闸、汇水闸等几种。水闸通常设有可以启闭的闸门，既能关闭闸门挡水，又能开启闸门泄水，所以各种水闸都具有调控水位和流量的功能。

　　（3）水闸的组成及作用。

　　如图 17-18 所示为水闸的立体示意图。水闸一般由上游连接段、闸室和下游连接段三部分组成。

　　1）上游连接段。水流由上游进入闸室，应先经过上游连接段，它的作用一是引导水流平顺进入闸室；二是防止水流冲刷河床；三是降低渗透水流在闸底和两侧对水闸的影响。水流过闸室时，过水断面逐渐缩小，流速增大，上游河底和岸坡可能被水冲刷。因此，工程上通常采用的防冲手段是在河底和岸坡上用砌块石或浆砌块石护底、护坡。

图 17-17　水闸设计图

上游翼墙　护坡　铺盖　闸室　止水　护坦　消力池　下游翼墙　扭曲面　海漫　护坡　防冲齿坎

图 17-18　水闸的立体示意图

自护底而下紧接闸室底板的一段称为铺盖。铺盖具有防冲和防渗的作用，一般采用抗渗性能良好的材料建筑，图 17-17 中水闸的铺盖材料由面层 M10 浆砌块石厚 40cm、底层黏土厚60cm 组成，纵向长度为 1500cm。

引导水流收缩并平顺地进入闸室的结构称为上游翼墙。翼墙还起挡土墙作用，可防止河道土体坍塌，保护靠近闸室的河岸免受水流冲刷，减少侧向渗透的危害。翼墙的构造形式与挡土墙相同，见图 17-17 中的 2-2 断面图。

2）闸室是水闸控制水位、调节流量的构造，它由底板、闸墩、岸墙（或称边墩）、闸门、胸墙、工作桥、公路桥（交通桥）等组成，图 17-17 中水闸的闸室为混凝土整体结构，中间有一闸墩把闸室分成两孔，靠闸室上游设有钢筋混凝土现浇板式公路桥，闸室纵向全长 1280cm。

3）下游连接段。这一段包括河底部分的护坦、消力池、海漫、护底以及河岸部分的下游翼墙和护坡等。如图 17-17 所示水闸护坦纵向水平长度 1400cm，消力池长 1500cm，池底设置间隔 200cm×200cm 梅花状的冒水孔。消力池底由厚 80cm 的 C15 混凝土、厚 20cm 的碎石、厚 20cm 的小石子及厚 20cm 的粗砂垫层组成。护坦和消力池的翼墙为直立式，其断面形式如图 17-17 中的 3-3 断面图所示。下游紧接消力池的构造称为海漫，它的护底标高58.40m，护底由 M10 浆砌块石厚 40cm、下垫厚 40cm 的碎石组成，海漫翼墙是扭曲面，如图 17-18 所示。

（4）视图及表达方法。

1）平面图。由于水闸轴线两侧对称，可以采用省略画法，只画出以河流中心线为界的左岸，但为了便于平面图采用分层局部剖面画法，仍然画出河岸的右岸。闸室部分的工作桥和公路桥则采用分层局部剖面画法，冒水孔的分布位置采用简化画法。从平面图上看，上游部分闸室连接段和下游连接段，如翼墙、护坡、闸墩形状，工作桥和公路桥的位置等反映得都较清楚。平面图上标注了 1-1、2-2、3-3 断面剖切符号和 4-4、5-5 剖视剖切符号，说明该处还有断面图和剖视图。

2）立面图。水闸部分埋置于土中，若采用剥离土层的表达方式，仍然不能够完整、清晰地表示水闸的立面构造设计，所以立面图用 5-5 剖视图替代，如图 17-17 中的 5-5 剖视图。剖切平面偏离水闸轴线剖切而得，这样可得到完整的闸墩。图中表达了铺盖、闸室底板、护坦、海漫等部分的断面形状和各段长度，图中还可以看出闸门、胸墙以及上下游水位和各部分高程。

3）侧面图。水闸设计图是一个较复杂的工程图，它的构造形式受水位、流量的影响，同时，它还受到地形的制约。因此，水闸设计图不便直接采用侧立面投影图，而是采用剖切剖视图或一系列剖面图取代复杂的侧面图。例如图 17-17 中的上下游立面图，这是两个投影方向相反的视图，因为它们形状对称，所以通常采用各画一半的合成投影图。1-1、2-2、3-3、4-4 分别表达了翼墙不同部分的断面形状、尺寸大小及所用的材料，其中 4-4 剖视图属于阶梯剖视图，其余为剖视图、剖面图剖切。

图中尺寸除高程以外，通常以厘米（cm）为单位。若结构尺寸以厘米为单位，则高程小数点后面只保留 2 位；若结构尺寸以毫米（mm）为单位，那么，高程位数相应保留小数点后 3 位。

17.3.3 水工图的绘制

水工图绘图分手工绘图和计算机绘图两种，绘图的操作方式和方法不相同，但对视图的图示要求都是一致的。下面以图 17-19 为例，说明画图的方法和步骤。

1. 手工操作使用绘图仪器绘制水闸设计图

（1）布置和画出投影图的基线。本图采用 1:100 比例画出。根据所选定的比例及各投影视图的相对位置，把它们匀称地分布在图框内，布置时要注意留出图标、说明、视图名称和标注尺寸的位置。确定视图位置之后，便可以画出各视图的基线，一般选取各投影图的中心线作为基线，图 17-19（a）中的立面图是以闸室底标高线作水平基线，其余则以对称轴线作为基线。立面图和平面图对应的铅垂中心要对齐。

（2）画出各构件的主要轮廓线。如图 17-19（b）所示，以基线或中心线（定位线）为起点，根据标高或各构件尺寸，按上下对正、左右平齐、宽度相等画出构件的主要轮廓线。

（3）画出各构件细部。根据主要轮廓线从大到小画全各构件的投影，注意各投影图的对应线条要对齐，并把闸室上下游剖视图、各剖面图、图例、栏杆、坡度符号线位置、标高符号及尺寸等画出来，如图 17-19（b）所示。

（4）加粗或上墨。图线加粗或上墨前要仔细检查底稿，而后加粗或上墨，最后画剖切符号、标注尺寸、书写文字等。

2. 计算机绘制水闸设计图

采用 1:100 比例画水闸设计图。选择线型，确定细线、粗线的宽度和图层，选用数字、文字的字型及大小。作图时可直接画粗线、细线，直接标注尺寸、书写文字。

（a）

（b）

图 17-19　水闸设计图的作图步骤

（1）画投影图的基线。先画立面图，由于水闸分为上游连接段、闸室及下游连接段，各段又由不同构造组成，各构造底面的标高也不相同，以各构造上下标高作水平基准线与其定位铅垂线相交，交点作为各构造作图的基准点。也可利用投影关系与平面图交替画图。

（2）建立放大的窗口，作闸室的轮廓图样。同理，作出各构造的立面投影。

（3）和立面图上下对应，按比例在平面图的基线作出水闸平面轮廓线。闸室中心线按左半边看外形，右半边画剖视图，画出水闸平面的投影图。

（4）按相应的比例，作各剖视图、剖（断）面图，标注各构造的名称、尺寸、剖切符号。

（5）如需要，可改字高、字宽、线型、线宽，调整各视图布局和比例。

（6）完成数量表、文字说明，检查无误后完成作图，如图 17-17 所示。

第18章 BIM概述

18.1 BIM技术概述

BIM（Building Information Modeling，建筑信息模型）技术是利用数字模型对建筑进行规划、设计、建造和运营的全过程。建筑信息模型是近几年来出现在建筑业中的一个新名词。该技术通过数字化手段，在计算机中建立一座虚拟建筑，该虚拟建筑会提供单一、完整、包含逻辑关系的建筑信息库。其中，信息的内涵不仅仅是几何形状描述的视觉信息，还包含大量非几何信息，如材料的耐火等级和传热系数、构件的造价和采购信息等。其本质是一个按照建筑直观物理形态构建的数据库，其中记录了建筑各阶段的所有数据信息。建筑信息模型应用的精髓在于，这些数据能贯穿项目的整个寿命期，对项目的建造及后期的运营管理持续发挥作用。

相比较，美国国家BIM标准的定义更为完整："BIM是一个设施（建设项目）物理和功能特性的数字表达；BIM是一个共享的知识资源，是一个分享有关这个设施的信息，为该设施从概念到拆除的全寿命周期中的所有决策提供可靠依据的过程；在项目的不同阶段，不同利益相关方通过在BIM插入、提取、更新和修改信息，支持和反映其各自职责的协同作业。"关于BIM技术的形象表达全景图如图18-1所示。

图18-1　BIM全景图

采用 BIM 技术可使整个工程项目在设计、施工和运营维护等阶段都能够有效地实现建立资源计划、控制资金风险、节省能源、节约成本、降低污染和提高效率，真正意义上实现工程项目的全寿命周期管理。在建筑工程领域，如果将 CAD 技术的应用视为建筑工程设计的第一次变革，建筑信息模型的出现将引发整个 A/E/C（Architecture/Engineering/Construction）领域的第二次革命。

BIM 研究的目的是从根本上解决项目规划、设计、施工、维护管理各阶段及应用系统之间的信息断层，实现全过程的工程信息管理乃至建筑生命期管理（Building Lifecycle Management，BLM），如图 18-2 所示。

图 18-2　基于 BIM 技术的全寿命周期管理

美国、日本、新加坡和欧洲一些国家已制定相关的国家 BIM 技术标准，BIM 技术普及率达到 60%～70%。我国已经将 BIM 技术应用于建筑设计阶段、施工过程及后期运营管理阶段，主要进行协同设计、效果图及动画展示和加强设计图的可施工性，以及三维碰撞检查、工程算量、虚拟施工、4D 施工模拟、5D 施工管理等。

"十一五"期间，BIM 已经进入国家科技支撑计划重点项目。在住房和城乡建设部发布的《2011－2015 年建筑业信息化发展纲要》中明确提出："'十二五'期间要加快建筑信息模型（BIM）、基于网络的协同工作等新技术在工程中的应用。"推动和发展 BIM，是各建设行业必须要做的重要事情。2012 年，由中国建筑科学研究院等单位共同发起成立中国 BIM 发展联盟，标志着中国 BIM 标准正式启动，中国 BIM 标准的建设将为建筑行业带来全新的改变和巨大的冲击，标准的实施必将引发一次脱胎换骨的技术革命。

18.2　BIM 技术优势

BIM 技术改变了传统的 2D、3D 的建模，实现了到 4D、5D 的信息建模的技术革命，从而真正实现了协同设计。通过技术的推广与应用，其成为了业主决策阶段的有效辅助工具；设计和施工单位承接大项目的必备能力；同时，也是未来建筑设计、施工与运营管理的必然发展趋势。具体技术优势如下。

（1）对于业主方而言，采用 BIM 技术，可实现规划方案预演、场地分析、建筑性能预测和成本估算等技术内容。

（2）对于设计方而言，采用 BIM 技术，可实现可视化设计、协同设计、性能化设计、工程量统计和管线综合等技术内容，如图 18-3 所示。

图 18-3　管线综合及可视化

（3）对于施工方而言，采用 BIM 技术，可实现施工进度模拟、数字化建造、物料跟踪、成本管理、可视化管理和施工配合等技术内容，如图 18-4 所示。

图 18-4　广州东塔项目施工进度模拟和成本管理

18.3 BIM 技术应用

BIM 技术在建筑全生命周期中，在设计、施工、运维方面都有成功的应用。

18.3.1 BIM 技术在规划与设计中的应用

BIM 技术首先在建筑设计领域得到了应用，不只是充当画图的工具，而是已成为一种设计理念，可为设计师想象力的发挥提供极大的空间。在设计中，BIM 技术主要包含规划方案预演、效果图、协同设计及可施工性的加强等。同时，可输出三维图、任意剖面图、二维施工图，如图 18-5 所示。

图 18-5 三维设计输出物

（1）规划方案预演及效果图设计。

BIM 系列软件具有强大的建模、渲染和动画技术，通过 BIM 可以将专业、抽象的二维建筑描述通俗化、三维直观化，使得业主等非专业人员对项目功能性的判断更为明确、高效，决策更为准确，从而使规划方案能够进行预演，方便业主和设计方进行场地分析、建筑性能预测和成本估算，对不合理或不健全的方案进行及时的更新和补充。

基于已有 BIM 模型，可以在设计意图或者使用功能发生改变时，在很短时间内进行修改，从而能够及时更新效果图和动画演示。效果图制作功能是 BIM 技术的一个附加功能，其成本较专门的效果图制作大大降低，从而使得企业在较少的投入下获得更多的回报。

（2）协同设计及结构设计。

随着建筑工程复杂性的不断增加，学科的交叉与合作成为建筑设计的发展趋势，这就需要协同设计。基于 BIM 技术，可以使建筑、结构、给排水、暖通空调、电气等各专业在同一个模型基础上进行工作。从而使设计信息得到及时更新和传递，提高建筑设计的质量和效率，实现真正意义上的协同设计。对于复杂的预应力钢结构工程，其结构的设计是否安全合理是重中之重，真实的结构信息也能为相应的结构设计分析提供良好的基础。通过技术路线和建模流程图，建立 BIM 结构模型。

同时，BIM 模型也可导出到相关软件进行专业分析，如建筑耗能分析（DOE-2/EnergyPlus）、自然采光分析（IES/Radiance）、CFD 模拟和分析（STAR-CD）及照明优化工具（IES）等。

（3）图纸可施工性与模型试验。

由于欠缺施工经验，设计师在设计中对于结构实施施工的难易性难以考虑周全，从而导致施工难度的增加，按照设计图纸，施工人员很难进行施工。利用 BIM 技术，让施工人员提前参与到设计阶段，与设计人员加强交流，及时交互设计信息，对施工方案进行预演，从而降低施工难度，使得图纸的可施工性大大加强，这也改变了传统的设计模式。基于 BIM 信息模型，与项目建设相关尤其是施工方在施工前对施工可行性进行分析，减少施工后大量的设计变更和返工。

18.3.2　BIM 技术在施工中的应用

据统计，全球建筑行业普遍存在生产效率低下的问题，其中 30%的施工过程需要返工，60%的劳动力被浪费，10%的损失来自材料的浪费。BIM 应用系统创建的虚拟建筑模型，可以将模型同时间、成本结合起来，从而对建设项目进行直观的施工管理，主要包含施工深化设计、施工动态模拟和三维碰撞检查等技术。

（1）施工深化设计。

通常设计院出的图纸达不到直接施工的深度，或者是节点选用不符合施工单位的习惯、工艺，通常需要施工单位二次深化设计。传统的二次深化设计需要单独用专业软件，且需要根据已有图纸进行再次绘图，造成深化设计成本的增加和时间的延长。采用 BIM 技术，可以克服上述缺点。因此，在广联达信息大厦和广州东塔的结构深化设计采用了相关 BIM 技术，进行了复杂节点及工装设计在建立三维深化设计模型后，平立剖模型能够自动生成，可三维动态展示，方便了加工制造，从而降低了深化设计成本。

（2）施工可视化动态模拟和管理。

图 18-6 是广州东塔虚拟建筑模型。采用 BIM 技术建立虚拟建筑模型，从不同的角度观察虚拟模型，对建筑物的外观、环境功能、施工等方面进行交互的建模与分析；然后，进行施工方法试验、施工过程模拟及施工方案优化，对比分析不同施工方案的可行性，实现施工可视化动态模拟。将施工现场 3D 模型与施工进度相结合，并与施工资源和场地布置信息集成一体，引入时间维度，可以实现基于 BIM 技术的 4D 施工模拟，动态展示施工界面和顺序。

施工模拟与施工组织相结合，使设备材料进场、劳动力配置、机械排班等各项工作安排的成本更加经济合理。4D 形象施工模拟如图 18-7 所示，广联达 BIM 5D 施工模拟如图 18-8所示。

基于 BIM 技术的工程项目管理，精益建造这种管理理念因有了 BIM 技术而开始发展壮大，建筑业在项目管理上也发生巨大变化。基于 BIM 技术项目管理让管理变得更准确、更高效、更快捷，综合成本更低。BIM 技术的精细化项目管理图如图 18-9 所示。

（3）方案比选与预演。

预应力钢结构的关键构件及部位的安装相对比较复杂，合理的安装方案很重要，正确的安装方法能够省时省费，传统方法在工程实施时才能得到验证，这就造成了二次返工等问题。

同时，传统方法是施工人员在完全领会设计意图之后再传达给建筑工人，相对专业性的术语及步骤对工人来说难以完全领会。

图 18-6　广州东塔虚拟建筑模型

图 18-7　4D 形象施工模拟

基于 BIM 技术能够提前对重要部位的安装进行动态展示，提供施工方案讨论和技术交流的虚拟现实信息，如图 18-10 所示。

4D
按流水段查
看工程

3D
实体模型

5D
各流水段
对应的任务
和成本信息

5D
各流水段所需
的人材机信息

图 18-8　广联达 BIM 5D 施工模拟

图 18-9　BIM 技术的精细化项目管理图

同时，也能对关键部位进行施工方案预演和比选，实现三维指导施工，从而更加直观化地传递施工意图。

（4）碰撞检查与施工布置优化。

传统的二维图纸设计中，碰撞检查需要在各专业设计图纸汇总后才能实施，这将耗费大量时间，影响工程进度。采用 BIM 技术，可以在建造前就对建筑的管线等进行碰撞检查，优化净空和管线排布方案，消除硬碰撞并尽可能避免软碰撞，减少错误损失和返工。同时，基于建立的 BIM 三维模型，可以对施工场地进行优化布置，合理安排塔吊、库房、加工厂地和生活区等的位置，优化施工路线。

图 18-10　关键部位施工信息提示图

18.3.3　BIM 技术在运营维护中的应用

建筑物的运营维护通常包括监控、通信、通风、照明和电梯等系统，上述设备和管线如果发生故障，都有可能影响建筑的正常营业，甚至引发安全事故。运用 BIM 技术，可以对这些隐患进行及时处理，从而减少不必要的损失，能对突发事件进行快速应变和处理，快速准确地掌握建筑物的运营情况。

（1）基于 BIM 技术的建筑监控及应急管理系统。

基于建筑物完整的 BIM 信息模型，可以关联摄像头进行现场监控，从而建立建筑监控系统，通过数据来分析目前存在的问题和隐患，优化和完善现行管理。通过配备监控大屏幕可以对整个视频监控系统进行操作，从而与其他子系统进行突发事件管理。突发事件的响应能力对于人流密集的区域非常重要，基于 BIM 技术可以消除任何管理的盲区，主要包括预防、警报和处理。以消防事件为例，如果发生着火事故，会自动进行火警警报；着火的三维位置和房间立即进行定位显示，为及时疏散和处理提供信息。

（2）基于 BIM 技术的物业管理及维护。

通过单击 BIM 模型可以查阅设备的信息，如使用期限、维护情况、所在位置和供应商情况等，能够对寿命即将到期的设备进行预警，提醒运营商及时进行更换；也可以准确定位虚拟建筑中相应的设备，并对设备是否正确运行提供信息。通过基于 BIM 的物业管理系统可以管理复杂的地下管线并直接查看相互位置关系，从而为管网维修、设备更换带来很大的方便。

BIM 系统可以对能源消耗情况进行自动统计分析，比如各区域的每日或每月的用电量等，并对异常能源使用情况进行警告或者标识。通过 BIM 模型的管理可以使得空间设施可视化，例如二次装修的时候，哪里有管线、哪里是承重墙不能拆除，这些在 BIM 模型中一目了然，也可以在 BIM 模型中看到不同区域属于哪些租户，以及这些租户的详细信息。

18.4 BIM 应用软件

了解对 BIM 技术在我国的发展、应用情况及具体实施内容，BIM 技术的相关主要工具是什么？BIM 应用软件是指基于 BIM 技术的应用软件，也就是支持 BIM 技术应用的软件。一般来讲，它具有 4 个关键特征：面向对象、基于三维几何模型、包含其他信息和支持开放式标准。

恰克·伊士曼（Chuck Eastman）将应用软件按其功能分三大类，分别是 BIM 平台软件、BIM 工具软件、BIM 环境软件。我国一般称其为 BIM 基础软件、BIM 工具软件和 BIM 平台软件。

BIM 基础软件是指可用于建立能为多个 BIM 应用软件所使用的 BIM 数据软件。主要指完成设计表达的软件，如基于 BIM 技术的建筑设计软件 Revit 和 ArchiCAD，设备设计的 MagiCAD、Revit MEP 和 Archi MEP 等。

BIM 工具软件是利用 BIM 基础软件提供的数据，开展各种工作的应用软件。如利用已有的建筑设计数据模型进行能耗分析、日照分析、生成二维图纸、成本预算（广联达计量与计价）。有一些基础软件（如 Revit）也能做一些分析功能，所以它是基础软件，也是工具软件。

BIM 平台软件是指对各类 BIM 基础软件及工具软件产生的数据进行有效管理，以便支持建筑全寿命期数据方及多专业的工作人员之间通过网络高效地共享信息。如美国的 BIM 360、匈牙利的 Delta Server、中国广联达的 BIM 5D 等，都提供了此类功能。图 18-11 将常见的 BIM 相关软件之间的关系进行了汇总。

图 18-11　BIM 相关软件之间的关系

参考文献

[1] 国家标准. 房屋建筑制图统一标准（GB/T 50001－2010）. 北京：中国计划出版社，2011.

[2] 国家标准. 总图制图标准（GB/T 50103－2010. 北京：中国计划出版社，2011.

[3] 国家标准. 建筑制图标准（GB/T 50104－2010）. 北京：中国计划出版社，2011.

[4] 国家标准. 建筑结构制图标准（GB/T 50105－2010）. 北京：中国计划出版社，2011.

[5] 国家标准. 道路工程制图标准（GB 50162－92）. 北京：中国计划出版社，1993.

[6] 国家标准. 给水排水制图标准（GB/T 50106－2010）. 北京：中国计划出版社，2011.

[7] 国家标准. 暖通空调制图标准（GB/T 50114－2010）. 北京：中国计划出版社，2011.

[8] 田希杰，刘召国. 图学基础与土木工程制图. 2版. 北京：机械工业出版社，2011.

[9] 罗良武，田希杰. 图学基础与土木工程制图. 北京：机械工业出版社，2007.

[10] 谢步瀛，袁果. 道路工程制图. 4版. 北京：人民交通出版社，2011.

[11] 郑国权. 道路工程制图. 3版. 北京：人民交通出版社，1990.

[12] 朱育万，卢传贤. 画法几何与土木工程制图. 3版. 北京：高等教育出版社，2005.

[13] 王晓琴，庞行志. 画法几何与土木工程制图. 3版. 武汉：华中科技大学出版社，2008.

[14] 卢传贤. 土木工程制图. 3版. 北京：中国建筑工业出版社，2008.

[15] 刘勇，张春娥. 画法几何与土木工程制图. 北京：国防工业出版社，2009.

[16] 刘勇，董强. 画法几何与土木工程制图. 2版. 北京：国防工业出版社，2013.

[17] 唐人卫. 画法几何与土木工程制图. 南京：东南大学出版社，2008.

[18] 林国华. 土木工程制图. 3版. 北京：人民交通出版社，2012.

[19] 陈倩华，王晓燕. 土木建筑工程制图. 北京：清华大学出版社，2011.

[20] 赵云华. 道路工程制图. 2版. 北京：机械工业出版社，2012.

[21] 杨文生，王全杰. 建筑识图与BIM建模实训教程. 北京：化学工业出版社，2016.